Eine neue Geschichte der Zukunft

Marc Pendzich

Eine neue Geschichte der Zukunft

Wer wir sind.
Wo wir herkommen.
Wer wir künftig sein können.

Essays und Leitlinien4Future

vadaboéBooks

Titelbild: Foto ‚Stockport, United Kingdom' von Rikki Chan auf *Unsplash*

Für die Verwendung des lizenzfreien Fotos wurden
50 Euro für die Pflanzung von drei Bäumen
an das Bergwaldprojekt (www.bergwaldprojekt.de) gestiftet.

Stand des Buches: Edition 1.0 / Redaktionsschluss 1. Oktober 2022

Nanos gigantum humeris insidente – „Wir sind Zwerge auf den Schultern von Riesen": Wir haben Sorge getragen, alle Quellen aufzuführen und keine relevanten vorbestehenden Gedankengänge unbelegt zu übernehmen. Sollte uns hier ein Lapsus unterlaufen sein, bitten wir um Nachricht, um in späteren Auflagen sowie online nachbessern zu können.

Bibliografische Information der Deutschen Nationalbibliothek:
Die Deutsche Nationalbibliothek verzeichnet diese
Publikation in der Deutschen Nationalbibliografie; detaillierte bibliografische
Daten sind im Internet über http://dnb.d-nb.de abrufbar.

Herstellung und Verlag: BoD – Books on Demand, Norderstedt

ISBN: 978-3-75682-262-1

Die Welt hat genug für jedermanns Bedürfnisse,
aber nicht genug für jedermanns Gier.

Mahatma Gandhi

Es scheint immer unmöglich, bis es vollbracht ist.
You cannot imagine big shifts until they happen.

Nelson Mandela

Inhaltsverzeichnis

Eine neue Geschichte der Zukunft.

Wer wir sind. Wo wir herkommen.
Wer wir künftig sein können.

Ein Essay von Marc Pendzich

Eine neue Geschichte der Zukunft in 2x2 Sätzen:

Wir sind Erde.

Wir Menschen sind Teil der Mitwelt und leben in Symbiose
mit allem Lebendigen.

Hygge für Alle.

Zeitwohlstand und angstfreie Daseinsvorsorge sind möglich
in einer klimagerechten Welt.

Inhalt

Eine neue Geschichte der Zukunft.

Wer wir sind. Wo wir herkommen. Wer wir künftig sein können.

Wer wir sind. Was wir Menschen grundlegend brauchen.

Wir sind Menschen. Wir sind Bestandteil der Mitwelt und leben in Symbiose mit allem Leben. Wir sind Teil der Lebensrhythmen. Wir sind sterblich. Wir erleben Sinn in lebendigen Beziehungen. Abseits der Erfüllung der Grundbedürfnisse brauchen wir nicht viel. Zeit, Liebe und Zufriedenheit sind umsonst.

Wir sind Menschen. Wir werden geboren, wir leben und wir sind sterblich – und werden wieder zu Erde. Wir sind Erde. Wir sind Teil des Lebenskreislaufes, an dem wir etwa 80 Mal teilhaben dürfen, während die Erde um die Sonne rast und uns die Jahreszeiten bringt. Wir sind Teil des Wunders, das wir Leben nennen. Wir sind Bestandteil der Mitwelt. Menschen sind Tiere unter Tieren. Tiere und Pflanzen tauschen gleichsam ihren ‚Atem' aus. Wir leben in Symbiose mit allem Lebendigen, dem ‚web of life'. Alle Lebewesen sind gleich wertvoll. Alle Menschen sind gleich.

Zeit ist alles, was wir haben. Zeit ist das Einzige, was wir wirklich haben. Und wir wissen nicht, wie viel Zeit wir haben.

Viele von uns denken sich die Zeit als linear voranschreitend. Erweitern wir den Blickwinkel unserer Wahrnehmung, dann ist ‚Zeit' ein von Kreisläufen und Zyklen bestimmter Rhythmus: Der Uhrzeiger beschreibt einen Kreis, und die Dinge kehren wieder: Vollmond, Kirschblüte, Monsun, Laubfall, Zugvögel,

Neujahr. Die Sonne geht auf, der Hahn kräht, wir stehen auf, gehen zu Bett. Wenn wir uns in diesen Lebensrhythmen wahrnehmen, spüren wir die Zeit – und sie läuft uns nicht weg.

Wenn wir im Augenblick sind, d. h. wenn Zukunft und Vergangenheit verblassen, fühlen wir uns lebendig. Im Hier und Jetzt zu sein, nährt uns. Dann sind wir eins mit uns selbst. Dann sind wir zufrieden.

Sinn erfahren wir, wenn wir dem Lebendigen nahe sind: Unseren Mitmenschen, anderen Lebewesen, unserem eigenen Körper, unserem Atem und uns selbst.

Wir haben Grundbedürfnisse. Deren Erfüllung ist existenziell. Dazu zählen saubere Luft, sauberes Trinkwasser, gesunde Lebensmittel, Kleidung, ein Dach über dem Kopf, Wärme, Sicherheit, Hygiene, Schlaf, Kommunikation, Beziehungen, Gesehen werden, Nähe und Sexualität. In unserer modernen Gesellschaft kommen einige weitere soziale Grundbedürfnisse hinzu wie z. B. ein grundlegendes Maß an sozialer und kultureller Teilhabe, Gesundheitsversorgung, Bildung, Energie sowie Mobilität.

Wer wir Mitbürger:innen der frühindustrialisierten Nationen sind.

Wir Menschen der CO_2-verantwortenden Staaten sind uns selbst bzw. dem Leben entfremdet und kompensieren diese Leere mit Konsum und Materiellem. Exzess hat keine Zukunft: Unsere HöherSchnellerWeiter-Lebensweise und die Steigerungslogiken unserer Ökonomie überfordern die Belastungsgrenzen des Planeten und zerstören unsere Mitwelt. Und uns selbst. Das machen wir nicht mit Absicht. Wir tun, was alle tun – und haben große Angst vor Veränderung.

Wir Menschen der frühindustrialisierten Staaten haben Lebendigkeit gegen Materielles eingetauscht. Wir sind der Mitwelt und dem Leben – also uns selbst – entfremdet. Viele von uns schlagen bspw. bei der als sinnentleert empfundenen Arbeit die Zeit tot. Viele von uns leben in großen Städten, in denen es mehr Häuser als Bäume gibt. In denen Parkplätze wichtiger sind als Plätze und Parks. Nachts sehen wir in den Städten keine Sterne mehr, die unsere Bedeutung zurechtrücken und uns an unsere Endlichkeit erinnern könnten. Der Tod hat keinen Platz in unserem Leben, obgleich er zum Leben dazu gehört. Die Erkenntnis bzw. emotionale Akzeptanz der eigenen Sterblichkeit rückt die Dinge zurecht und lässt uns mit uns selbst und der Welt anders umgehen: Wir haben zwei Leben, und das zweite beginnt, wenn wir merken, dass wir nur eines haben.[ii]

Wir sind einem falschen Versprechen bzw. einer Illusion aufgesessen: Unsere kollektive Lebenslüge lautet, dass man mit Geld, Ruhm und Macht elementare Bedürfnisse wie Zufriedenheit, Liebe, Leben oder Zeit kaufen könne. Im Moment der Selbstbesinnung wissen wir, dass das Unsinn ist: *Best Things In Life Are Free.*[iii]

Die meisten Menschen in Deutschland sind in diese Lebenslüge verstrickt. Sie tun das, was ‚alle' tun. Sie leben auf ‚Autopilot' und stecken im Hamsterrad. Viele von ihnen vermeiden es runterzukommen und innezuhalten, denn im Bei-sich-Sein würden die eigene Entfremdung und die Schalheit des Materiellen offenbar. Solche Gedanken sind unangenehm. Die eigenen Werte bzw. das eigene bisherige Leben in Frage zu stellen ist schmerzhaft. Viele Menschen haben Angst vor Veränderung und akzeptieren lieber den unzufrieden machenden Status quo, als das Unerprobte zuzulassen. Sogar diejenigen, die wirklich wenig haben, wollen überwiegend lieber keine Veränderungen.

In dem wir arbeiten, investieren wir Lebenszeit, damit wir essen, trinken, wohnen etc. können: Geld ist arbeitend verbrachte

Lebenszeit.[iv] Ab dem Punkt, an dem die Grundbedürfnisse erfüllt sind, ist Zeit mehr wert als Geld. Kein toter Gegenstand kann wertvoller sein als Lebenszeit. Materielles und *Höher-SchnellerWeiter* sind Ersatzbefriedigungen und Trosthandlungen zur Maskierung der Entfremdung. Frei ist nicht, wer viel hat. Frei ist, wer wenig braucht. Frei ist, wer Dinge nicht begehrt, die er nicht braucht.

Menschen sind Bewegungstiere. Wir werden fett, depressiv, krank und kurzatmig, wenn wir uns nicht artgerecht verhalten und ernähren. In dem wir uns dem Leben entfremden, sterben wir (früher) oder vegetieren unzufrieden ohne Lebendigkeit.

Wir sind Erde. Wir tun so, als wären wir es nicht. Wir fühlen uns abgetrennt von unserer Mitwelt. Das zeigt sich z. B. in unserer Art, wie wir die Erde, unsere Mitwelt und unsere Mitmenschen behandeln. Wir beuten nicht nur Menschen in unserer eigenen Gesellschaft, sondern vor allem und systematisch die Menschen des Globalen Südens aus. Sogar diejenigen Menschen, die noch gar nicht geboren sind, beuten wir aus durch unsere ,Diktatur der Gegenwart'. Wir vermeinen über die Mitwelt erhaben zu sein, also handeln wir auch so. Unsere Weltökonomie entspricht unserer Entgrenzung und spiegelt diese wider: Unser derzeitiges ökonomisches System mit seinen Steigerungslogiken ist weltfremd, weil es den Kreisläufen dieser begrenzten Welt zuwiderläuft und deshalb weltzerstörend wirkt.

Weltzerstörung ist Teil des Systems, das wir Mitbürger:innen der frühindustrialisierten Nationen in unserer Entfremdung geschaffen haben. Sämtliche menschengemachte Katastrophen sind (auch) systemisch: Fukushima, Ahrtal, Insektensterben, Ölteppiche, Hungersnöte, Kriege, Pandemien etc. sind keine Un- oder Einzelfälle. Sie haben als unmittelbare Folgen der Steigerungslogiken eine gemeinsame Ursache. Sie sind Erscheinungsformen der *einen* Grundkatastrophe.

Was wir Mitbürger:innen der frühindustrialisierten Nationen verstehen müssen.

Wir leben in einer begrenzten Welt, in der wir nur verteilen können, was da ist. Es ist genug vorhanden für jedermanns Bedürfnisse, aber nicht genug für jedermanns Gier. (Gandhi) Wir Menschen in Deutschland müssen mit einem Drittel des bisherigen Verbrauchs auskommen, um die Zivilisation für uns zu bewahren. Wir haben ein Gesellschaftsproblem, das nicht durch Technologie zu lösen ist: Wir haben künftig Bäume zu pflanzen, unter denen wir selbst nicht sitzen werden.

Wir leben in einer begrenzten Welt. Wir überschreiten seit langem die planetaren Belastungsgrenzen unserer Erde. Damit überfordern wir die lebensstiftenden Erdsysteme wie u. a. die Atmosphäre, die Böden, die ‚grüne Lunge' der Regenwälder sowie die Sauerstoff produzierenden Ozeane. Bei einem ‚Weiter so' kippen die Erdsysteme wie Dominosteine. Das ‚web of life', in dem durch Nahrungsketten und Symbiosen alles mit allem zusammenhängt, droht zu zerreißen. Bei einem ‚Weiter so' kollabiert dieses ‚Netz des Lebens', in dem die Menschheit liegt wie in einer Hängematte. Und sie ist schwer, die Menschheit.

In Deutschland beispielsweise nutzen wir jährlich die Hervorbringungen von drei Erden. Wir haben jedoch nur eine Erde. Das bedeutet: Wir verbrauchen zwei Erden zu viel. Wir müssen runter von Zweidrittel unseres Verbrauchs. Wir haben also mit einem Drittel der bisherigen Ressourcen auszukommen. Machen wir so weiter wie bisher und die anderen CO_2-Staaten auch, ist die Zivilisation am Ende. Das bedeutet unendliches Leid und milliardenfachen Tod.

Fossile Energieträger bestehen aus Pflanzen, welche – mittels Photosynthese – vor langer Zeit die Energie der Sonne gespeichert haben: Wir Menschen verbrennen jährlich die fossil gespeicherte Sonnenenergie von einer Million Jahre – und heizen damit einen kompletten Planeten auf. Wir feuern uns derzeit ins Dinosaurierzeitalter zurück. Doch bei 50 Grad kann niemand leben.

Wenn wir in einer ‚Kultur des Genug' das Überflüssige weglassen, d. h. gesellschaftlich *suffizient* leben, brauchen wir auch weniger Energie als bisher – und dieses geringere Maß an Energie kann regenerativ durch Wind und Sonne erzeugt werden.

Wir benötigen die Zweidrittel nicht. Sie stehen unbenutzt in den Ecken rum und im Keller. Sie sind der Überfluss, der die Welt kaputtmacht. Sie sind überflüssig. Sie entfremden uns. Sie sind verhängnisvoll.

Wenn wir nur noch ein Drittel der bisherigen Produkte herstellen und reparaturfähige Erzeugnisse lange benutzen, können wir anders, langsamer oder sogar weniger arbeiten, weil wir für den Erwerb der anderen Zweidrittel kein Geld benötigen.

Mit einem Drittel auszukommen bedeutet des Weiteren, dass unser derzeitiges System der Ökonomie, welches in jedem Jahr noch mehr Mehrverbrauch als im Vorjahr benötigt, um nicht zu kollabieren, aufgegeben werden muss. Statt des Geldes, statt des *Reichtums der Wenigen*, stehen der Mensch, seine angstfreie Daseinsvorsorge und das Gemeinwohl im Mittelpunkt des ökonomischen Handelns.

Technologie und Effizienz sind tolle Dinge – und wir benötigen sie. Ihr Einsatz ändert jedoch nichts an der Tatsache, dass wir von Zweidrittel unseres Verbrauchs runter müssen. Für *Science Fiction* haben wir keine Zeit. Anders ausgedrückt: Zur Rettung der Zivilisation benötigen wir sicher *auch* Technologie, aber vor allem und in erster Linie brauchen wir dringend menschlichen und gesellschaftlichen Fortschritt.

Um von den zweidrittel Überkonsum herunterzukommen, brauchen wir die Besinnung auf das, was wir Menschen wirklich sind: Der Mensch ist ein biologisches Lebewesen, das als Tier unter Tieren in Symbiose mit seiner Mitwelt lebt. Es bedarf einer Mentalitätsveränderung: Wir haben künftig Vieles zu unterlassen. Wir haben uns innerlich, d. h. tief anzupassen, an neue Lebensbedingungen. *Und wir haben Bäume zu pflanzen, unter denen wir selbst nicht sitzen werden.*[v] Wir brauchen einen grundlegend neuen, zukunftsfähigen Wertekanon, d. h. ein neues gemeinsames Verständnis darüber, was uns wichtig ist.

———————

Wer wir sein können. Wie das Leben der Menschheit künftig aussehen kann.

Gutes Leben in einer begrenzten Welt, in der man nur verteilen kann, was man hat, kann mit einer Solidargemeinschaft funktionieren. Unsere Zukunfts-Chance lautet in drei Worte gefasst: ‚Hygge für Alle‘[i] (‚Zeit statt Zeugs‘): Wir tauschen Hamsterrad und Konsumismus gegen Eigenzeit und Wohlergehen. Im Zentrum der Ökonomie steht die angstfreie Daseinsvorsorge. Ohne Veränderungsschmerzen ist Zukunft nicht zu haben. Und: In einer emissionsfreien Welt sind Kriege – deren Zerstörungen immer Emissionen hervorrufen – unmöglich. Dies zeigt, wie groß die Herausforderung ist. Es bedeutet aber auch, dass wir gegenwärtig eine große Chance haben – für die es sich lohnt, sich einzusetzen.

Wir Menschen, vor allem wir Mitbürger:innen der CO_2-verant-
wortenden Staaten, müssen die Notbremse ziehen. Sonst zerstört die Lebenslüge des *HöherSchnellerWeiter* unsere Zivilisation.

Wir Menschen in Deutschland sind stolz auf unsere Demokratie
und unseren Rechtsstaat. Beide können ausschließlich auf einem intakten Planeten funktionieren. Inmitten von Verwerfungen regiert die Diktatur.

Wir leben in einer begrenzten Welt. Wir können nur verteilen,
was wir haben. Stellen wir uns also der Maja-Göpel-Frage: Was
brauchen „wir denn unbedingt, wenn wir gut versorgt sein
wollen?"

Maßgeblich geht es um die Lebens*qualität* von uns Mitbür-
ger:innen. Menschen, Liebe und Solidarität sind wichtiger als
Materielles und *HöherSchnellerWeiter*. Wir nehmen das ‚große
Geld' aus unserem Leben. Ökonomie und Politik sind für den
Menschen da: Ökonomie und Politik dienen der Versorgung
der Menschheit. Wir definieren neu, welche gesellschaftlichen
Aufgaben systemrelevant sind. Um eine angstfreie Daseinsvorsorge für alle Mitbürger:innen zu gewährleisten, können wir
anders oder weniger arbeiten, weil der Überfluss wegfällt.

Unsere Zukunfts-Chance lautet in drei Worte gefasst: ‚Hygge
für Alle'[i] oder auch ‚Zeit statt Zeugs': Unseren Zeitwohlstand
können wir z. B. für unsere Freundschaften, Kinder, Beziehungen und Kreativität nutzen. Für unser Wohlergehen ist
gesorgt durch ein ‚Grundrecht auf Wohnung, Lebensmittel,
(Aus-/Weiter-)Bildung, Gemeinwohlarbeit, Geschlechterparität,[vi] Energie, Mobilität, Gesundheitsversorgung und intakte
Mitwelt'.

Eine derart umfassende (gesamt)gesellschaftliche Transforma-
tion braucht neue und zusätzliche rechtsstaatliche Instrumente
in der Demokratie. Dazu gehört eine größere Teilhabe an der

Gestaltung der Gesellschaft, z. B. in Form von Bürger:innen-räten. Dort fühlen sich die repräsentativ gelosten Mitwirkenden ernst genommen und agieren verantwortungsvoll zugunsten der Gesellschaft.

Eine solche gesellschaftliche Transformation können wir nicht vorab planen. Was wir aber können, ist: anfangen und los-gehen. Dann kommen die Dinge in den Gang. *Ein Weg entsteht, wenn man ihn geht.*[vii]

Ohne Veränderungsschmerzen ist Zukunft nicht zu haben. Es wird heftig Knirschen im Gebälk. CO_2-intensive Lebens-gewohnheiten sind abzulegen wie ein alter Hut. Viele Lebens-entwürfe sind auf Sand gebaut… Aber immerhin – Transforma-tion bedeutet Zukunfts*ermöglichung*.

Und: In einer CO_2-freien Null-Emissionen-Welt sind Kriege un-möglich, weil sie z. B. durch Zerstörung und dem anschließen-den Wiederaufbau stets Emissionen hervorrufen. Nichts ver-deutlicht besser, wie umfangreich die gegenwärtige Mensch-heitsherausforderung ist, als der für Null-Emissionen erforder-liche Weltfrieden.

Die Menschheit steht an einem Scheideweg. Die Chance unsere Zivilisation zu bewahren ist da. Weltfrieden als klimagerechter Frieden unter den Menschen, die in Einklang mit ihrer Mitwelt leben – das ist ein Ziel, für das es sich lohnt, sich einzusetzen.

Demokratie ist Teilhabe. Sei ein gesellschaftlicher Wirk.[viii] *Sei selbstwirksam. Sei konsequent und widerständig: Be the story you want to tell.*

———————

Anmerkungen

- [i] ‚Hygge für Alle', oder, vereinfacht: ‚Zeit statt Zeugs'. – ‚Hygge' ist eine in Dänemark (und mittlerweile vermehrt auch in Deutschland) so bezeichnete genügsame Lebenshaltung der wohligen Entspannung mit hoher Lebensqualität. Hygge meint den Zustand des bewussten, runterfahrenden, wertschätzenden Miteinander-Abhängens z. B. bei Kerzenschein und Tee, des Palaverns mit Freund:innen, ohne zu tief in konfliktreiche (z. B. politische) Themen einzusteigen – und beschreibt letztlich das Streben nach freier Zeit (Freizeit) und Zeit-Erleben (allein oder mit Vertrauten) ohne großen materiellen oder organisatorischen Aufwand; s. a. Portal *LebeLieberLangsam* Beitrag *Hybris vs. Hygge / Hygge contra Hybris* unter https://lebelieberlangsam.de/hybris-vs-hygge-hygge-contra-hybris.

- [ii] vgl. Text von Mário Raúl de Morais de Andrade. Hier heißt es wörtlich: „Wir haben zwei Leben und das zweite beginnt, wenn du erkennst, dass du nur eins hast." – Harald Welzer greift diesen Gedanken prominent auf in seinem Buch *Nachruf auf mich selbst*.

- [iii] vergessene Weisheit – und derart allgemeingültig, dass sie keine:n Autorin:Autoren hat.

- [iiv] Geld ist *arbeitend verbrachte* Lebenszeit: Dies gilt zumindest für die allermeisten Mitbürger:innen, d. h. für alle Menschen, die keinen relevanten ‚Kapitalgrundstock' haben z. B. durch Erbschaft.

- [v] vgl. „The true meaning of life is to plant trees, under whose shade you do not expect to sit." – Nelson Henderson zugeschrieben.

- [vi] Der Begriff ‚Geschlechterparität' meint eine umfassende Geschlechtergerechtigkeit, die eine gleichdimensionierte Repräsentanz insbesondere in den politischen und ökonomischen Entscheider:innenbereichen mit einschließt. Selbstverständlich braucht es darüber hinaus Anti-Diskriminierungs- und weitere Gleichstellungs-Gesetze, um die Rechte non-binärer Menschen und der LGTBQ+-Community sicherzustellen. – vgl. *Handbuch Klimakrise*, unter paritaet.handbuch-klimakrise.de.

- [vii] Konfuzius zugeschrieben.

- [viii] Der Erkenntnistheoretiker Hans-Peter Dürr bezeichnet uns „Teilnehmenden… in Systemen mit Menschen … [als] Wirks. Wir wirken aufeinander. Unsere [z. B. politisch oder persönlich motivierte, egal wie kleine] Aktion beeinflusst die nächste Reaktion im System, jede:r von uns nimmt mit seinem und ihrem Verhalten Einfluss auf seine und ihre Mitmenschen." (Göpel 2022) – Geben Sie unerwünschte CO_2-Verhalten keinen Raum: Schweigen Sie. Wechseln Sie das Thema. Auch erwähnenswert: Es ist etwas ganz anderes, ob vier von fünf Menschen im Kreis von ihren Flugreisen berichten oder zwei von fünf von ihrer niedrigschwelligen Trekkingtour in Süddeutschland. Haltung! Verhalten ist ansteckend. Man kann nicht Nicht-Handeln. Durchbrechen Sie den stillschweigenden Konsens des gegenseitigen Rechtfertigens. Besuchen Sie Ihre:n Bundestagsabgeordnete:n. Erzählen Sie davon. – s. a. *Handbuch Klimakrise: Was kann ICH tun?* unter aktiv.handbuch-klimakrise.de.

---

https://eineneuegeschichtederzukunft.de oder
https://handbuch-zukunft.de

… nachfolgend eine Kurzfassung von Eine neue Geschichte der Zukunft, z. B. zum Scannen und Weiterreichen.

Eine neue Geschichte der Zukunft.

[Kurzfassung]

Wer wir sind. Wo wir herkommen. Wer wir künftig sein können.

Wer wir sind. Was wir Menschen grundlegend brauchen.

Wir sind Menschen. Wir sind Bestandteil der Mitwelt und leben in Symbiose mit allem Leben. Wir sind Teil der Lebensrhythmen. Wir sind sterblich. Wir erleben Sinn in lebendigen Beziehungen. Abseits der Erfüllung der Grundbedürfnisse brauchen wir nicht viel. Zeit, Liebe und Zufriedenheit sind umsonst.

Wer wir Mitbürger:innen der frühindustrialisierten Nationen sind.

Wir Menschen der CO2-verantwortenden Staaten sind uns selbst bzw. dem Leben entfremdet und kompensieren diese Leere mit Konsum und Materiellem. Exzess hat keine Zukunft: Unsere *HöherSchnellerWeiter*-Lebensweise und die Steigerungslogiken unserer Ökonomie überfordern die Belastungsgrenzen des Planeten und zerstören unsere Mitwelt. Und uns selbst. Das machen wir nicht mit Absicht. Wir tun, was alle   tun – und haben große Angst vor Veränderung.

Was wir Mitbürger:innen der frühindustrialisierten Nationen verstehen müssen.

Wir leben in einer begrenzten Welt, in der wir nur verteilen können, was da ist. Es ist genug vorhanden für jedermanns Bedürfnisse, aber nicht genug für jedermanns Gier. (Gandhi) Wir Menschen in Deutschland müssen mit einem Drittel des bisherigen Verbrauchs auskommen, um die Zivilisation für uns zu bewahren. Wir haben ein Gesellschaftsproblem, das nicht durch Technologie zu lösen ist: Wir haben künftig Bäume zu pflanzen, unter denen wir selbst nicht sitzen werden.

Wer wir sein können. Wie das Leben der Menschheit künftig aussehen kann.

Gutes Leben in einer begrenzten Welt, in der man nur verteilen kann, was man hat, *k*ann mit einer Solidargemeinschaft funktionieren. Unsere Zukunfts-Chance lautet in drei Worte gefasst: ‚Hygge für Alle' (‚Zeit statt Zeugs'): Wir tauschen Hamsterrad und Konsumismus gegen Eigenzeit und Wohlergehen. Im Zentrum der Ökonomie steht die angstfreie Daseinsvorsorge. Ohne Veränderungsschmerzen ist Zukunft nicht zu haben. Und: In einer emissionsfreien Welt sind Kriege – deren Zerstörungen immer Emissionen hervorrufen – unmöglich. Dies zeigt, wie groß die Herausforderung ist. Es bedeutet aber auch, dass wir gegenwärtig eine große Chance haben – für die es sich lohnt, sich einzusetzen.

Demokratie ist Teilhabe. Sei ein politisch-gesellschaftlicher Wirk. Sei selbstwirksam. Sei konsequent und widerständig: Be the story you want to tell.

Marc Pendzich, https://eineneuegeschichtederzukunft.de oder https://handbuch-zukunft.de

Anhang: Handreichungen für die Zukunft

- Andrade, Mário Raúl de Morais (1893-1945, Schriftsteller, Musikwissenschaftler, o. J.): „Wir haben zwei Leben und das zweite beginnt, wenn du erkennst, dass du nur eins hast.", siehe https://www.positiv-magazin.de/?p=83406 (Abrufdatum 8.6.2022)

- Brunnhuber, Stefan (2022): „Frei ist nicht, wer viel hat. Sondern wer wenig braucht". [Violetta Simon interviewt Stefan Brunnhuber]. In: *Süddeutsche Zeitung*, 29.3.2022, online unter https://www.sueddeutsche.de/panorama/fasten-nahrungsverzicht-aengste-stress-1.5554920?ieditorial=2 (Abrufdatum 8.7.2022)

- Folkers, Manfred u. Paech, Niko (2020): *All you need is less. Eine Kultur des Genug aus ökonomischer und buddhistischer Sicht.* oekom.

- Gandhi, Mahatma (2019): *Es gibt keinen Weg zum Frieden, denn Frieden ist der Weg.* Kösel.

- Göpel, Maja (2020): *Unsere Welt neu denken. Eine Einladung.* Ullstein. S. 127.

- Göpel, Maja (2022): *Wir können auch anders. Aufbruch in die Welt von morgen.* Ullstein. S. 39.

- Junker, Claudia u. Oelschlaeger, Walter (2022): *Tiefe Anpassung – Kollektive Resilienz in der globalen Krise.* Website, online unter https://tiefe-anpassung.de/ (Abrufdatum 8.7.2022)

- Konicz, Tomasz (2022): *Klimakiller Kapital. Wie ein Wirtschaftssystem unsere Lebensgrundlagen zerstört.* mandelbaum kritik & utopie.

- Leisgang, Theresa u. Thelen, Raphael (2021*): Zwei am Puls der Erde – Eine Reise zu den Schauplätzen der Klimakrise und warum es trotz allem Hoffnung gibt.* Goldmann.

- Magnason, Andri Snaer (2020): *Wasser und Zeit: Eine Geschichte unserer Zukunft.* Insel.

- Paech, Niko (2012): *Befreiung vom Überfluss. Auf dem Weg in die Postwachstumsökonomie.* oekom.

- Schnabel, Ulrich (2010): *Muße. Vom Glück des Nichtstuns.* Blessing.

- Welzer, Harald (2021): *Nachruf auf mich selbst: Die Kultur des Aufhörens.* S. Fischer.

Klimafragen.

Zwölf Grundfragen, die sich aus der Klimakrise und aufgrund des sechsten Massenaussterbens ergeben.

- **Kreuzfahrt oder Enkel?**
  Das kann doch hier nicht die Frage sein, oder?[1]

- **Wer sind die Träumenden, wer die Realisten?**
  (Die *Linken*? Die *Konservativen*?) Und: *Wer* ist hier eigentlich konservativ (=bewahrend)?

  - Und: Wenn wir also bis 2037 Zeit haben[2], um in Deutschland auf Null-Emissionen zu kommen – erfinden ‚die da noch was‘? Und wenn nicht?

  - Wenn nun Klimabrände bereits bei 1,2 °C Erderhitzung *global* an der Tagesordnung sind: Was passiert dann bei zwei oder drei Grad?

- **Ist die Entscheidung das Klima *kaputt zu fliegen*[3] und *kaputt zu essen* (Rinder!)[4] tatsächlich noch Privatsache?** Wie oft stimmt man einer Aussage zu und sagt dann ‚aber‘? Warum muss sich am Grill i. d. R. die:der Pflanzenessende rechtfertigen und nicht die:der Tierindustrie-Befürwortende? Können Männer ohne Fleisch leben? Geht es bei der Tempolimit-Diskussion um Freiheit oder um Egoismus? Ist Auto*besitz* smart?

  - Und: Welche Konsequenz ergibt sich aus der Tatsache, dass ein modernes Windkraftwerk jährlich E-Kerosin für etwa sieben innereuropäische Passagierflugreisen inkl. Rückflug generieren kann – und in Deutschland derzeit jährlich etwa 122 Millionen Passagiere abheben?[5]

- **Sollten finanziell gut aufgestellte Menschen/Unternehmen/Staaten die Möglichkeit haben, sich aus Klima- und Umweltschutzmaßnahmen herauszukaufen?** Ist es in Ordnung, dass *ein* Prozent der Weltbevölkerung mehr als doppelt so viel an CO_2 raushaut wie die gesamte ärmere Hälfte der Menschheit? Ist es vertretbar, dass 20 Millionen Menschen genauso viel Privatvermögen haben wie die komplette ärmere Hälfte der Weltbevölkerung?[6] Ist es angemessen, dass Deutschland mit seinen 83 Millionen Einwohner:innen weltweit den vierten Platz bei den aufsummierten Gesamt-CO_2-Emissionen belegt?[7] Warten wir in Deutschland lieber ab, bis alle Staaten an einem Strang ziehen?

- ***Was* ist radikal?**
  - **Alles so zu lassen wie es ist ('Weiter so')? – oder:**

  - **Eine komplette Veränderung des 'Lifestyles' (=gesamtgesellschaftliche Transformation)?**

  Und:
  Kommt die 'Ökodiktatur', wenn wir uns der Zukunft anpassen oder kommt sie, wenn die Zivilisation von Klimakatastrophen gezeichnet sein wird?

- **Ist es christlich[8], die Schöpfung um des Mammons willen zu zerstören?** („Hauptsache die Wirtschaft brummt?"). Der Shareholder-Value-Neoliberalismus hat uns ‚in die Scheiße geritten' – und ‚Mehr vom Gleichen' hilft uns dann da wieder raus? Ist es gut, an der Börse auf Lebensmittel und Wetterkapriolen wetten zu können?[9] Warum sind es vor allem Männer, die die Welt kaputtmachen? Sollten wir auch künftig weitgehend *Männern* die wesentlichen Entscheidungen überlassen?[10]

- **Macht uns das ‚Immer mehr' *happy*?** Wie viel Heißersehntes steht nach 14 Tage in der Ecke? Wie zufrieden macht das Drittauto? Mit wie viel Prozent ihres Spielzeugs spielen Kinder wirklich? Wenn unsere Ökonomie nur ‚funktioniert', wenn wir Überfluss leben und Überfluss künftig nicht mehr möglich ist: Was bedeutet das für unser ökonomisches System?

- **Haben Menschen der Industrienationen mehr Recht auf globale Verschmutzung als Menschen des Globalen Südens?**[11] Sind 800 Millionen hungernde Menschen und Millionen faktische (Arbeits-)Sklav:innen sowie 218 Millionen-fache Kinderarbeit *okay*?[12] Soll das so bleiben? Wenn Krisen also *immer* zuallererst die sozial Schwächsten treffen, was bedeutet das für die Zukunft? Für die weniger Begüterten in Deutschland? Für die Menschen im globalen Süden? Für die Ärmsten der Armen in Afrika? Für Frauen? Für Kinder? Für Alte? Für Menschen mit Handicap?[13]

  - Und: Wie gehen wir klimagerecht mit dem aufgehäuften Vermögen der Reichsten um, das ja i. d. R. durch massiven Einsatz von CO_2 zustande gekommen ist?

- **Inwieweit ist es sinnvoll mit Geld zu argumentieren bzw. über Klimaschutzkosten zu lamentieren, wenn es um die Rettung der Zivilisation bzw. der Menschheit geht?**[14] Inwieweit ist es zielführend am derzeitigen *neoliberalen* Kapitalismus festzuhalten, wenn er doch gerade das Ende der Menschheit befeuert? Ist ein:e Öl-Kohle-Gas-Lobbyist:in an der Zukunft der Menschheit interessiert? Sollten Politiker:innen nebenbei jobben und mit Lobbyist:innen essen gehen? Gibt es ein ‚Recht auf SUV‘? Ist es nicht Aufgabe von Politiker:innen genau *die* Entscheidungen zu treffen, die die:der Einzelne nicht trifft?[15] Wer trägt die Verantwortung für das generationengerechte Wohlergehen, wenn nicht die Politiker:innen?[16]

- **Sind Arbeitsplätze wichtiger als planetare Grenzen?** Wird es jemals Veränderung geben können, solange das Thema ‚Arbeitsplätze‘ unantastbar ist?[17] Was bedeutet ‚Künstliche Intelligenz‘ für die künftige Anzahl der sozialversicherungspflichtigen Arbeitsplätze in Deutschland? Wie gehen wir mit der dazugehörigen Antwort um?[18]

- **Wie wollen wir eigentlich zusammenleben in einer Welt, die zunehmend unter dem Zeichen der Erderhitzung und des sechsten Massenaussterbens steht?** Wenn ‚Immer mehr‘ keine Option mehr ist, wäre vielleicht ein ‚Immer besser‘ eine Möglichkeit? (‚Lebensqua*li*tät statt Lebensqua*ntit*ät?‘) Sollten Menschen z. B. per Bürger:innenbeteiligung befragt werden, ob es politisch *okay* ist, die Zivilisation in den Abgrund zu treten?[19]

- **Wer bist Du, *wofür* stehst Du, wo wirst Du sein, wenn es um ‚Alles' geht? Auf welcher Seite wirst Du gestanden haben, als es um wirklich *Alles* ging?**

  - *‚Glaubst' Du ans unendliche Wirtschaftswachstum oder weißt Du um die planetaren Grenzen? (‚Geldreligion oder Physik?')[20]*

  - *Erkennst Du die planetaren Grenzen an? Für Dich und Dein Leben? Worin besteht der Unterschied zwischen Genügsamkeit und Verzicht?*

  - *Geht es Dir gut im Hamsterrad? Wünscht Du Dir, dass Deine Enkel:innen genauso leben/arbeiten/hetzen/konsumieren (werden) wie Du? Wie viele Wochenarbeitsstunden verbringst Du mit der Finanzierung Deines Konsums? Wirst Du Dir am Ende Deines Lebens wünschen, Du hättest mehr gearbeitet? Was hinterlässt Du – außer CO_2? Hast Du Kontostand oder Zeitwohlstand? Welche Dinge brauchst Du wirklich? Was genau macht Dich zufrieden?[21]*

  - *Kreuzfahrt oder Enkel? Sollte das hier etwa doch die Frage sein? Was tust Du, wenn Dein Kind droht zu ertrinken? Kann es etwas geben, das wichtiger ist, als Deine Nachkommen?*

  Was wirst Du Deinen Enkel:innen erzählen?

„Bleib erschütterbar und widersteh."

Peter Rühmkorf (1929-2008) – Titel eines Gedichts.

Marc Pendzich, https://klimafragen.com

Quellen und Verweise

[1] **Kreuzfahrt oder Enkel?**, angelehnt an:

„To be, or not to be, that is the question": Zitat aus der Tragödie Hamlet, Prinz von Dänemark von William Shakespeare, 3. Aufzug, 1. Szene.

* Kreuzfahrten sind der ökologische Doppelschlag – maßgeblich aufgrund der Zubringerflüge, siehe *Handbuch Klimakrise: Der ökologische Doppelschlag: Kreuzfahrten* unter kreuzfahrten.handbuch-klimakrise.de

[2] **Klimaneutralität bis 2037.**

2037 – wohlgemerkt um das völkerrechtlich verbindliche Abkommen von Paris mit dem Wortlaut „deutlich unter 2 Grad" einzuhalten, vgl.

* Rahmstorf, Stefan (2019): „Wie viel CO_2 kann Deutschland noch ausstoßen?". In: *Spektrum SciLogs*, 28.3.2019, online unter https://scilogs.spektrum.de/klimalounge/wie-viel-co2-kann-deutschland-noch-ausstossen/ (Abrufdatum 5.12.2019)

* *SRU* (2019): „Für die Umsetzung ambitionierter Klimapolitik und Klimaschutzmaßnahmen". [offener Brief]. In: *Sachverständigenrat für Umweltfragen*, 16.9.2019, online unter

https://www.umweltrat.de/SharedDocs/Downloads/DE/04_Stellungnah
men/2016_2020/2019_09_Brief_Klimakabinett.pdf;jsessionid=A5E5DB3F7
5B4FD2A5D0BADFC7D63D3E8.1_cid321?__blob=publicationFile&v=8
(Abrufdatum 21.7.2020)

----

[3] **Klima kaputtfliegen**

- En détail siehe *Handbuch Klimakrise: Fliegen, Kreuzfahrten* unter flugverkehr.handbuch-klimakrise.de.

----

[4] **Klima kaputtessen**

- En détail siehe *Handbuch Klimakrise: Fleisch, Fisch & Ernährung* und *Handbuch Klimakrise: Agrarkultur/Landwirtschaft* unter fleisch.handbuch-klimakrise.de bzw. agrarkultur.handbuch-klimakrise.de

----

[5] **1 Windkraftwerk = 7 Flugreisen**

- Details und Rechnung siehe *Handbuch Klimakrise: Grünes Fliegen? Vielleicht. Irgendwann. Bis auf weiteres: Eine Illusion.* – online unter gruenesfliegen.handbuch-klimakrise.de

----

6 Zahlen zu globaler Ungerechtigkeit

„Carbon Emissions Of The Richest 1 Percent More Than Double The Emissions Of The Poorest Half of Humanity."

- Oxfam (2020): „Carbon Emissions Of The Richest 1 Percent More Than Double The Emissions Of The Poorest Half of Humanity". In: *oxfamamerica.org*, 20.9.2020, online unter https://www.oxfamamerica. org/press/carbon-emissions-richest-1-percent-more-double-emissions-poorest-half-humanity/ (Abrufdatum 28.9.2020)

22,1 Mio. Menschen besitzen die Hälfte des globalen Privatvermögens, vgl.

- Dieckmann, Florian (2019): „Studie zu Finanzvermögen: Den Millionären gehört die Hälfte der Welt". In: *Der Spiegel*, 20.6.2019, online unter https://www.spiegel.de/wirtschaft/soziales/vermoegen-den-millionaeren-gehoert-die-haelfte-der-welt-a-1273185.html (Abrufdatum 20.6.2019)

---

7 Deutschland belegt mit seinen 83 Millionen Einwohner:innen weltweit den vierten Platz bei den aufsummierten Gesamt-CO_2-Emissionen

- **Deutschland** stellt 1,1% der Weltbevölkerung, verursacht mit 2,1% Emissions-Anteil das doppelte dessen was Deutschland ‚zusteht', belegt mit seinen 83,2 Mio. Einwohner:innen **Rang 6** der CO_2-Top-Emittenten. Die Klimakrise ist eine Folge der Industrialisierung, sodass Deutschland *insgesamt*, nach USA, China und Russland, auf **Rang 4** liegt. Das G7-Staat Deutschland ist bezogen auf das Bruttonationaleinkommen (BNE) – nach den USA, China und Japan – die weltweit **viertgrößte Wirtschaftsnation** – zusammengefasst:

  Deutschland ist einer der globalen Hauptemittenten von Treibhausgasen, einer der Hauptnutznießer der Industrealisierung und trägt als eine der größten und damit auch als eine der einflussreichsten Wirtschaftsnationen eine sehr hohe Verantwortung.'

>> s. a. *Handbuch Klimakrise: Wer, wie, was, wieso, weshalb, warum: Klimakrise in Zahlen, global gesehen* unter global.handbuch-klimakrise.de.

---

⁸ **Ist es christlich...?**

Das Christentum hebt gezielt auf die Heiligkeit der Schöpfung ab. Zudem führen zwei sog. Volksparteien in Deutschland das Wort ‚christlich‘ im Namen, kommen m. E. aber insbesondere im Umgang mit Geld, Kapital, Finanzen, Sozialem nicht besonders christlich daher. Ohne Hervorhebung *dieses* Kontextes könnte hier selbstredend auch das Wort ‚ethisch‘ stehen und/oder allgemeiner auf Religionen/ Religiosität abgehoben werden.

---

⁹ **Wetten auf Lebensmittel und Wetterkapriolen an der Börse**

- En détail siehe *Handbuch Klimakrise: Biodiversitäts-/Klimakrise als Chance* unter chance.handbuch-klimakrise.de.

---

¹⁰ **Es sind vor allem Männer, die die Welt kaputtmachen. Soll das so bleiben?**

- En détail siehe *Handbuch Klimakrise: Generationengerechte Politik für die Zukunft: Klima, Ökofeminismus und Parität* unter paritaet.handbuch-klimakrise.de.

[11] **Haben Menschen der Industrienationen mehr Recht auf globale Verschmutzung als Menschen des Globalen Südens?**

„[L]etztlich gibt es doch nur eine robuste und moralisch vertretbare Antwort: Jede Erdenbürgerin und jeder Erdenbürger hat exakt den gleichen Anspruch auf die Belastung der Atmosphäre, die zu den wenigen ‚globalen Allmenden'[, d.h., zu den Allgemeingütern, die allen Menschen (und allen Lebewesen) gemeinsam gehören] zählt."

- Rahmstorf, Stefan u. Schellnhuber, Hans Joachim (2018): *Der Klimawandel. Diagnose, Prognose, Therapie.* München: Beck. 8., vollständig überarbeitete und aktualisierte Auflage. S. 108.

---

[12] **800 Millionen hungernde Menschen, Millionen faktische (Arbeits-)Sklav:innen und 218 Millionen-fache Kinderarbeit**

800 Mio. hungernde Menschen

„Wir sind 7,83 Mrd. Menschen, haben genug Nahrungsmittel für 11 Mrd. und bekommen es trotzdem nicht hin, alle Menschen satt zu machen. Rund 800 Mio. Menschen gelten als chronisch unterernährt, d. h. hungern."

- vgl. *Handbuch Klimakrise: 11 Milliarden Menschen* unter bevoelkerung.handbuch-klimakrise.de

Millionen faktische (Arbeits-)Sklav:innen

„Wie soll ich das sonst nennen, wenn jemand für 50 Cent am Tag, 14 Stunden lang bei einer Bullenhitze von 60 Grad, ein günstiges T-Shirt für mich näht? Wir alle halten Sklaven – ich eingeschlossen."

- *Utopia* (2016): „‚Was kann ich tun, damit die Welt etwas moralischer wird?'" [Interview mit Evi Hartmann]. In: *Utopia*, 17.7.2016 online unter https://utopia.de/ratgeber/interview-lieferketten-management/ (Abrufdatum 8.3.2018), s. a. https://slaveryfootprint.org/

Der *Spiegel* hält dazu fest: 50 Mio. Menschen „stecken … in Situationen fest, die man als ‚moderne Sklaverei' bezeichnet… [darunter] rund 28 Millionen Zwangsarbeiter sowie 22 Millionen Menschen, die zwangsverheiratet wurden"– 20% dieser ‚modernen Sklaven' sind Kinder.

- *Spiegel* (2022): „Uno-Bericht 50 Millionen Menschen weltweit in ‚moderner Sklaverei' gefangen". in: *Der Spiegel*, 12.9.2022, online unter https://www.spiegel.de/wirtschaft/50-millionen-menschen-weltweit-in-moderner-sklaverei-gefangen-a-be2d1111-7edb-4db5-bcc4-fa7eaaec126f (Abrufdatum 28.9.2022)

218 Millionen-fache Kinderarbeit

Unicef-Zahl, siehe

- Johnson, Dominic (2020): „Coronafolgen werden Millionen weiterer Kinder zur Arbeit zwingen". In: *tageszeitung*, 12.6.2020, S. 5, online unter https://taz.de/Internationaler-Tag-gegen-Kinderarbeit/!5688044/ (Abrufdatum 14.7.2021)

_____

[13] **Zuerst trifft es immer die Armen.**

- En détail siehe *Handbuch Klimakrise: Konfliktpotenziale der Klimakrise: Armut, Klimakriege, ‚Natur'-Katastrophen, Flucht* sowie Handbuch Klimakrise: *Frauen sind von der Biodiversitäts- und Klimakrise stärker betroffen als Männer* unter gerechtigkeit.handbuch-klimakrise.de bzw. vulnerabilitaet.handbuch-klimakrise.de.

- „Es ist billiger, den Planeten jetzt zu schützen, als ihn später zu reparieren."
  (2009, damaliger EU-Kommissionspräsident José Barroso)

Der Satz ist eingängig, doch reden wir über eine Existenzbedrohung für die Zivilisation. Hier wird die Argumentation mit Geld unsinnvoll.

- En détail siehe *Handbuch Klimakrise: Generationengerechte Politik für die Zukunft: Menschheits- und Lebensschutz in ökonomischer Perspektive* unter kosten.handbuch-klimakrise.de.

---

[15] *Ist es nicht Aufgabe von Politiker:innen genau die Entscheidungen zu treffen, die die:der Einzelne nicht trifft?*

John Maynard Keynes stellte **1926** in einer Rede an der Berliner Universität fest:

„Die wichtigsten Agenda [sic!] des Staates betreffen nicht die Tätigkeiten, die bereits von Privatpersonen geleistet werden, sondern jene Funktionen, die über den Wirkungskreis des Individuums hinausgehen, **jene Entscheidungen, die niemand trifft, wenn der Staat sie nicht trifft"** (2011, 47, vgl. Rede des ehemaligen Bundespräsidenten Horst Köhler 2019).

- Keynes, John Maynard (2011): *Das Ende Des Laissez-faire: Ideen Zur Verbindung Von Privat- und Gemeinwirtschaft*. Drucker und Humblot.

- Köhler, Horst (2019): „Zu einer vorausschauenden Ordnungspolitik die wir brauchen gehören für mich aber auch Anreize, Terminsetzungen, und wo nötig auch Verbote. ... Der große [Ökonom] John Maynard Keynes hat das einmal [1926] so gesagt: ,Es ist am Staat, die Entscheidungen zu treffen, die niemand trifft, wenn der Staat sie nicht trifft'". [Grundsatzrede]. In: *Future Sustainability Congress*, 19.11.2019, online unter https://youtu.be/cDoRsafiJKQ (Abrufdatum 23.6.2020)

---

[16] **Wer trägt die Verantwortung, wenn nicht die Politiker:innen?**

- En détail siehe *Handbuch Klimakrise: Politik trägt Verantwortung. Wir brauchen eine Politik, die uns vor uns selber schützt* unter verantwortung.handbuch-klimakrise.de

---

[17] **Wird es jemals Veränderung geben können, solange das Thema 'Arbeitsplätze' unantastbar ist?**

Das 'Arbeitsplätze-Argument' verhindert *absolut* den Umbruch. Ohne Perspektive. Jahr um Jahr. Die zeitliche Verzögerungspotenz liegt z. B. für Australien bei hundert Jahren:

„Der Überfluss an Rohstoffen, Öl und Gas, Eisenerz und Bauxit, war ein Segen für Australien, aber auch ein Fluch, weil er den Ehrgeiz, andere Industrien zu entwickeln, nicht gerade beförderte. 72 Prozent der australischen Exporteinnahmen kommen aus der Kohle, die Reserven würden wohl noch hundert Jahre reichen." (Deininger 2020, 3)

- Deininger, Roman (2020): „War was? Australien rappelt sich gerade wieder auf nach diesem Sommer des Feuers. Aber wer glaubt, dass das Land sich verändert hat, kennt es nicht". In: *Süddeutsche Zeitung*, Nr. 44, 22./23.2.2020, S. 3.

En détail siehe *Handbuch Klimakrise: Wir müssen ran an unser ökonomisches System* unter system.handbuch-klimakrise.de.

[18] Was bedeutet ‚Künstliche Intelligenz' für die zukünftige Anzahl der sozialversicherungspflichtigen Arbeitsplätze? Wie gehen wir mit der Antwort um?

- En détail siehe *Handbuch Klimakrise: Biodiversitäts-/Klimakrise als Chance* unter chance.handbuch-klimakrise.de. (ein wenig runterscrollen.)

---

[19] Bürger:innenbeteiligung

- En détail siehe *Handbuch Klimakrise: Generationengerechte Politik für die Zukunft: Was ist politisch zu tun?*, dort Abschnitt „Umsetzung des SDG 16 in Deutschland: Mehr Demokratie, neue Formen der politischen Partizipation" unter sdg16.handbuch-klimakrise.de.

---

[20] ‚unendliches Wirtschaftswachstum'

- En détail siehe *Handbuch Klimakrise: Von ‚Wachstumszwängen' und anderen Glaubenssätzen* unter glaubenssaetze.handbuch-klimakrise.de.

---

[21] Was genau macht Dich zufrieden?

- En détail siehe *Handbuch Klimakrise: Menschen sind soziale Wesen – und wollen vor allem eines: Sinnstiftung* unter sinnstiftung.handbuch-klimakrise.de, s. a. https://lebelieberlangsam.de

Das Glaubensbekenntnis des Neoliberalismus.

Das Glaubensbekenntnis des Neoliberalismus:

Wachstum!

Deregulierung!!

Shareholder Value!!!

Täglich als Affirmation in den morgendlichen Spiegel zu sprechen.

Und dann wird alles gut! Der Markt regelt das. Versprochen. Bloß nicht eingreifen.

Er will ja nur spielen, der Markt: Der tut nichts. Für die Umwelt. Für das Klima. Für die Ressourcenschonung. Für die Zukunft. Deiner Enkel:innen.

Waaaaaaaaaaaachstum!!!!

———————————

Der Markt regelt das!

Das neoliberale Modell von der allumfassenden Deregulierung im Zeichen der Freiheit von Menschen und Märkten wird ganz bestimmt regeln, dass

- wir zugunsten unserer Informationsgesellschaft künftig eine bessere Bildung in Kindergärten, Schulen und Universitäten bekommen,

- es keine Armut und keinen Hunger mehr gibt auf der Welt,

- unsere Gesellschaft aus lauter zufriedenen Arbeitsnehmer:innen besteht,

- wir alle bezahlbaren Wohnraum in den Städten finden,

- wir gesunde Lebensmittel auf den Teller bekommen statt fettiger Billig-Fertignahrung,

- eine persönlich-liebevolle Pflege in Krankenhaus und Altenheim selbstverständlich wird,

- alle Kindergärten in Deutschland endlich am tatsächlichen pädagogischen Bedarf orientiert ausreichend Erzieher:innen einstellen,

- fossile Lobbyist:innen sich gleichermaßen edelmütig und uneigennützig *für* das Klima und *gegen* das sechste Massenaussterben einsetzen,

- mit Öl kein Geld mehr zu verdienen ist,

- die Renten steigen und

- in politisch brisanten Gegenden der Welt mehr Wohlergehen, Gerechtigkeit und demokratische Rechtssicherheit einkehren, und, ach ja,

- die Doppelkatastrophe ‚Erderhitzung/Massenaussterben‘ marktliberal und technologieoffen gelöst wird.

Der Markt wird das alles regeln!

Und komische Ideen abseits dieses wunderbaren Marktrationalismus' sind folglich: *rote Socken*-Gedankenkitsch, links und somit fast schon Kommunismus.

———————

Denken wir das doch mal zu Ende.

Albert Einstein (1879-1955):

„Die Probleme, die es in der Welt gibt, können nicht mit den gleichen Denkweisen gelöst werden, die sie erzeugt haben."

Die neoliberale Taktik, der Krise mit ‚Mehr vom Gleichen' zu begegnen, kann keine Lösung sein. Oder? Denken wir das Gedankengebäude, in dessen obersten Stockwerk wir frühindustrialisierten Menschen allesamt sitzen, doch mal zu Ende, ja, treiben wir es mal auf die Spitze:

- Mehr Ressourcenverbrauch?
- Mehr fossile Energien?
- Mehr Konsumismus?
- Mehr Wachstum?
- Mehr Neoliberalismus?
- Mehr Waffen?
- Mehr Fliegen?
- Mehr Fleisch?
- Mehr Autos in Deutschland?
- Mehr Glyphosat?
- Mehr Abholzung des Regenwaldes?
- Mehr Überfischung?

Klingt doch eher unheimlich.

Doch nichts anderes wollen vor allem die Parteien der so-
genannten Mitte, namentlich der SPD, Union und der FDP,
deren Politiker:innen sich nunmehr bereits seit Jahrzehnten
in ihrem ‚Wachstums-Paralleluniversum' gedanklich verhakt
haben – und da nicht mehr rauskommen.

**„Auf einem Dampfer, der in die falsche Richtung fährt, kann
man nicht sehr weit in die richtige Richtung gehen."**

Michael Ende (1925-1995), 1994, in: *Zettelkasten. Skizzen und Notizen*.
Weitbrecht. S. 276.

Pressemeldung: Verlust hunderttausender Arbeitsplätze befürchtet.

Hamburg, 21. Dezember 2018. LebeLieberLangsam *aktuell*.

Der Anti-Lobbyist Dr. Marc Pendzich äußert im Interview mit LebeLieberLangsam.de, dem Online-Portal für zukunftsoffenes Leben, die Befürchtung, dass im Bereich ‚deutsche Automobilindustrie und Zulieferbetriebe inklusive Mittagspausenbratwurstbuden und Currywurststände in den Regionen Stuttgart, München und Wolfsburg der Verlust hunderttausender Arbeitsplätze zu befürchten sei.

Pendzich zu Folge haben die Management- und Vorstandsebenen der deutschen Automobilindustrie seit zehn, fünfzehn Jahren massiv jegliche Innovation verschlafen und verhindert. „Dabei lernt man im BWL-Studium sozusagen in der ersten Veranstaltung, dass Stillstand Rückschritt bedeutet", so Pendzich. Exorbitante Managergehälter, unbegründete Boni in unbegründbarer Höhe, Abfindungen als Belohnung für Missmanagement, Unternehmensbeteiligungen via Aktienpakete sowie das fehlende Unternehmungshaftungsgesetz in Deutschland hätten dazu beigetragen, dass die Führungsebenen von ‚VWBMW&Co'

- sich aus jeder Verantwortung für ihre Mitarbeiter:innen und deren Familien gestohlen,

- jegliche Zukunftsorientierung für ihre Branche aus den Augen verloren und

- sich in mittlerweile nicht mehr zählbare Mauscheleien und Skandale verstrickt hätten…

...rund um

- *AdBlue*-Geheimtreffen (wenn Sie davon noch nie gehört haben, wissen Sie jetzt, wie geheim diese Treffen waren),

- wahrscheinliche Kartellbildungen,

- durchsichtige undurchsichtige Lobbyarbeit bei der Pkw-Energieverbrauchskennzeichnungsverordnung,

- illegale Abschalt-Softwares inkl. massivem Betrug bei Abgaswerten (,Dieselgate') in globaler Dimension,

- den Verkauf nicht geprüfter Versuchsmodelle (VW) und

- erschlichene Auto-Zulassungen (Audi, Südkorea) etc. pp. pp.

(Belege am Ende dieser Pressemeldung).

Damit wurde nach Auffassung von Pendzich nicht nur der Ruf des „Golfstaates Deutschland", sondern darüber hinaus der Wirtschaftsstandort Deutschland bzw. die Marke ,Made in Germany' objektiv beschädigt, worunter auch andere Branchen, deren Arbeitnehmer:innen und die jeweiligen Angehörigen zu leiden hätten. Und selbstredend auch die Steuerzahler:innen.

Die erpresserische Drohung mit in Aussicht gestellten Arbeitsplatzverlusten habe eine schlechte Tradition in Deutschland, sie sei *das* Totschlagargument gegen jegliche zukunftsnotwendige Erneuerung und lenke allzu oft von eigenen Versäumnissen ab. Dieses selbstverschuldete Desaster nun, wie aktuell geschehen, Brüssel zuzuschieben, sei ebenso falsch wie lächerlich. „Wenn überhaupt, könne man ,Brüssel' lediglich vorwerfen, dass es bei der *Verschärfung* von CO_2-Grenzwerten so spät handelt", ergänzt Marc Pendzich.

Wenn die Automobilindustrie sich in den nächsten Jahren möglicherweise in Luft bzw. CO_2 auflöse, so Pendzich, so sei das in erster Linie gierigen Managern und Vorständlern zu verdanken, die sich im „unerfreulich legalen jedoch illegitimen Maße bereichert" hätten und als „reine Männerbrigade lieber im Bordell gruppendynamisch ‚einen wegstecken' anstatt sich um die Zukunft ihrer Unternehmen und ihrer Mitarbeiter:innen zu sorgen". Pendzich möchte diesen Aspekt auch als Forderung nach ausgeglichenen Geschlechterverhältnissen in den Führungsebenen von *allen* mittleren und großen Unternehmen verstanden wissen, weil dann die Unternehmenskultur „auto(!)-matisch eine auf angenehme Weise andere" werde.

Selbstredend solle man nicht alle Topverdiener[1] der Branche über einen Kamm scheren – richtig sei vielmehr, dass es *auch* Manager gäbe, die sich redlich verhalten.
Hätten die „Deppen" [Anmerkung der Redaktion: Wir haben hier den eigentlich von Pendzich verwendeten Begriff durch eine entschärfte Formulierung ersetzt] jemals auch nur ansatzweise zukunftsorientiert gehandelt, so gäbe es jetzt keine oder zumindest kleinere Probleme. Auch wären vor 15 bis 20 Jahren, in Zeiten der politischen Forderungen nach dem Drei-Liter-Auto niemals die so genannten aber garantiert nicht sportlichen Sprit-schluckenden Straßenpanzer namens ‚Sport Utility Vehic-

---

[1] Pendzich weigerte sich übrigens in unserem Interview, für Manager, Vorständler und Topverdiener der Automobilbranche das von ihm ansonsten stets verwendete Gendering einzusetzen. Er zitiert dazu Hagen Rether, der 2018 gesagt hat: „Ich habe neulich in der New York Times gelesen, die haben eine Studie rausgebracht es gibt in deutschen DAX-Vorständen mehr Männer die Thomas heißen als Frauen." – vgl. *Handbuch Klimakrise: Generationengerechte Politik für die Zukunft: Klima, Ökofeminismus und Parität unter* paritaet.handbuch-klimakrise.de)

les', kurz: SUV, eingeführt worden. Der Schrei „Arbeitsplatz-
verluste" sowie die Drohung, Autos würden künftig teurer, sei
im Sinne dieser „Zukunftsblindheit aus Gründen der Gier"
zynisch und als reine Selbstanklage zu bewerten. Auch attes-
tiert Pendzich den aktuellen Rufern nach Geld vom deutschen
Staat bzw. von der:dem Steuerzahler:in als Ausgleich für stren-
gere CO_2-Grenzwerte angesichts der von ihnen verantworteten
extremen Rechtsverletzungen mit entsprechenden Geldstrafen,
Schadensersatzleistungen und gewinnabträglichen Auto-Rück-
käufen eine „gestörte Selbstwahrnehmung" ohne jedes Rechts-
und Anstandsempfinden.

Im Übrigen dürfe man allgemein nicht vergessen, dass ein
grundlegender Verlust von Arbeitsplätzen unabhängig von den
aktuellen und mehr als überfälligen EU-CO_2-Grenzwerten ohnehin zu erwarten sei, weil die großen Autokonzerne im Rah-
men der sog. Industrie 4.0 derzeit Fabriken bauten (vgl. ‚Factory 56' bei Stuttgart-Sindelfingen), in denen niemand mehr „eine
Schraube dreht", sondern nur noch wenige Beschäftigte für die
Wartung der Roboter und der Steuerungssoftware benötigt
würden. Was bedauerlicherweise ‚normal' sei, so Pendzich,
denn Kapitalismus sei am Ende schlicht „ein anderes Wort für
Effizienzsteigerung durch Vernichtung menschlicher Arbeitskraft". Die laute Klage der sog. Manager sei daher auch in diesem Sinne „doppelzüngig, altbekannt, totlangweilig und nervig
zugleich". Auch deren mit „scheinbarer Besorgnis vorgetrage-
nen Warnungen" seien „schlicht und einfach peinlich", weil es
diesen „unersättlichen Egozentrikern mit den Dollarzeichen in
den Augen garantiert niemals um das Wohl anderer" gehe. Von
den abhängig Beschäftigten werde Loyalität, Flexibilität und
Opferbereitschaft erwartet. Umkehrt werden Arbeitnehmer:in-
nen ‚freigesetzt', damit die Aktionär:innen Beifall klatschen:
„Shareholder Value ist die Pest für Arbeitnehmer:innen, Gesell-
schaften, Klima, Artenvielfalt und Mitwelt", meint Pendzich –

und sei umgehend als „eine der schlechtesten Ideen aller Zeiten auf dem Misthaufen der Geschichte zu entsorgen". Wirtschaft unterliege gemäß bundesdeutschem Grundgesetz der Sozialbindung und sei daher entgegen landläufiger Meinung mitnichten Selbstzweck, sondern qua Definition alles in allem zum Wohle der Gesellschaft da. Diese Auffassung sei seit dem Thatcherismus, seit Geburt des unsäglichen Neoliberalismus, verloren gegangen. Es sei heute „mehr als an der Zeit, sich darauf zu besinnen – und ohnehin endlich mal juristisch zu überprüfen, inwieweit Shareholder Value in Deutschland verfassungswidrig ist".

Des Weiteren sei der „konfliktscheue Kuschelkurs der Bundesautobahnkanzlerin mit den Autobonzen" alles andere als eine gute Idee gewesen. „Das rächt sich jetzt", so Pendzich, der nach eigenen Worten „gespannt ist, wie künftig die Geschichte die Arbeit Angela Merkels rückblickend bewerten wird, die als promovierte Physikerin in ihrer Eigenschaft als Umweltministerin die allererste Klimakonferenz im Jahre 1995 leitete und doch wider besseres Wissen über Jahrzehnte nach Pendzichs Ansicht eine allzu lobbyfreundliche und jetzt nach hinten losgehende Politik „der ruhigen Hand im Sinne ihres geistigen Ziehvaters, Helmut Kohl, durchgezogen" habe. „Apropos ,ruhige Hand': Was in den 1980er Jahren *vielleicht* vernünftig war, ist noch lange nicht in den ersten Jahrzehnten des 21. Jahrhunderts richtig." Und: „Wo ständen wir heute in Deutschland und in Europa mit einer Angela Merkel, die ihrem [in Pendzichs Augen *irritierend*] guten Ruf als ,Klimakanzlerin' gerecht geworden wäre?", legt Pendzich den Finger in die Wunde.

Indes sollten die Manager und Vorstände der Automobilindustrie die abgegriffene Keule ,Arbeitsplätze' mal stecken lassen und sich umgehend allesamt selbst entlassen, damit endlich der Neustart in eine technologieoffene, aber emissionsfreie Zukunft gestartet werden könne. Von den „Deppen" [Anm. der Red.: Hier wurde ein weiterer Begriff ersetzt.] brauche – finanziell gesehen – sowieso nie mehr einer zu arbeiten, und das sei dann wohl auch besser so. Eine solche Gruppen-Selbstentlassung sei auch das Mindeste vor dem Hintergrund, dass sie aufgrund ihrer psychischen Befunde – sichtbar durch Selbstherrlichkeit, Selbstüberschätzung sowie Größenwahn –, Machtmissbrauch betrieben haben auf Kosten von hunderttausenden Arbeitnehmer:innen und deren Angehörigen, die nun bald möglicherweise vor dem finanziellen Ruin ständen.

Wir alle, unter Einschluss der Arbeitnehmerinnen und Arbeitnehmer der Autoindustrie, müssten uns aber auch die Frage gefallen lassen, so Pendzich, ob nicht unsere allzu große Sucht nach Bequemlichkeit und dem damit verbundenen Rückzug ins Private – also auch dem Rückzug aus dem Politischen – nicht all diesen Mist erst ermöglicht habe: „Demokratie heißt Teilhabe." Dieses Wissen sei irgendwo in den Konsumtempeln und Shoppingmalls beim Rumdaddeln auf dem Smartphone verloren gegangen: „Wer keine Grenzen setzt, muss sich nicht wundern, wenn andere grenzenlos werden."

Abschließend zieht Pendzich in unserem Interview das Fazit, dass Stillstand in diesem Fall nicht nur Rückschritt bedeute, weil ohne eine emissionsfreie Zukunft schließlich nicht nur im Bereich ‚deutsche Automobilindustrie und Zulieferbetriebe inklusive Mittagspausenbratwurstbuden und Currywurststände in den Regionen Stuttgart, München und Wolfsburg' der Verlust hunderttausender Arbeitsplätze zu befürchten sei, sondern der generelle Verlust *aller* Arbeitsplätze, weil das Klima bzw. die Natur im Gegensatz zu lobbyhörigen „Angela Dobrinths" [sic!] nicht mit sich verhandeln lasse. Die *Natur* sei – im Unterschied zur Freiwilligen-Selbstverpflichtungs-*Auto*kratie ‚Deutschland' und Ihrer Diener:innen – gegen penetrante Lobbyarbeit unempfindlich, gar imprägniert, so Pendzich: „Da perlt alles ab, gegebenenfalls sogar die ganze Menschheit." Nur ein rechtzeitiges und mittlerweile *sofortiges* Umschwenken der Bundesrepublik Deutschland, ihrer Bürger:innen und auch der Menschheit halte die Zukunft offen und bewahre uns Menschen in Deutschland die Chance, auch künftig noch so etwas wie einen gemäßigten Wohlstand leben zu können.

Marc Pendzich, https://lebelieberlangsam.de –
Ein Portal für zukunftsfähiges Leben:
Ich brauch das alles nicht. Weniger ist mehr.

Quellen und Anmerkungen

Thema ‚Geheime Treffen & Absprachen in Sachen *AdBlue* & Co und mögliche Kartell-Bildung', siehe:

- Dohmen, Frank und Hawranek (2017): „Absprachen zu Technik, Kosten, Zulieferern: Das geheime Kartelle der deutschen Autobauer". In: *Der Spiegel* , 21,7,2017, online unter:
  www.spiegel.de/wirtschaft/soziales/volkswagen-audi-porsche-bmw-und-daimler-unter-kartellverdacht-a-1159052.html (Abrufdatum 22.12.2018)

- *Zeit* (2017): „Diesel-Skandal: VW, Audi, Porsche und Daimler sollen Kartell gebildet haben". In: *Die Zeit* 21.7.2017, online unter www.zeit.de/mobilitaet/2017-07/diesel-skandal-volkswagen-audi-porsche-daimler-selbstanzeige (Abrufdatum 22.12.2018)

Thema 'Pkw-Energieverbrauchskennzeichnungsverordnung' – das vielleicht längste Wort der deutschen Sprache, siehe

- Gertten, Frederik (2015): *Bikes vs Cars*. Film-Doku.

- *DUH* (2013): „Pressemitteilung: Autolobby schrieb Rechtsverordnung zur Energiekennzeichnung von Pkw in weiten Teilen selbst". In: *Deutsche Umwelthilfe*, 28.10.2013, online unter:
  www.duh.de/pressemitteilung/autolobby-schrieb-rechtsverordnung-zur-energiekennzeichnung-von-pkw-in-weiten-teilen-selbst/

Transparenz durch Offenlegung: Marc Pendzich ist Fördermitglied der Deutschen Umwelthilfe (DUH).

Thema 'Verkauf ungeprüfter Versuchsfahrzeuge durch VW', siehe

- *Spiegel* (2018): „Neuer Skandal: VW hat Tausende Risikofahrzeuge ungeprüft verkauft". In: *Der Spiegel*, 7.12.2018, online unter
  www.spiegel.de/wirtschaft/unternehmen/volkswagen-tausende-risikofahrzeuge-ungeprueft-verkauft-a-1242464.html (Abrufdatum 22.12.2018)

Thema 'erschlichene Autozulassungen in Südkorea', siehe

- Peitsmeier, Henning (2018): „Skandal in Südkorea: Auch bei der Zulassung hat Audi manipuliert". In: *FAZ*, 8.10.2018, online unter
  www.faz.net/aktuell/wirtschaft/unternehmen/audi-hat-bei-zulassung-in-suedkorea-manipuliert-15828081.html (Abrufdatum 22.12.2018)

Thema ‚Fabrik ohne Menschen‘, vgl. Hinweis zu „Factory 56" bei Stuttgart-Sindelfingen aus

- Heuser, Uwe Jan et al. (2018): „Zukunft der Arbeit: Was machen wir morgen?". In: *Die Zeit* Nr. 18/2018, 26.4.2018, online unter: https://www.zeit.de/2018/18/zukunft-arbeit-kuenstliche-intelligenz-herausforderungen/komplettansicht (Abrufdatum 21.12.2018)

_____

Allgemein zum Thema ‚Die Zukunft der Arbeit‘, siehe

- Precht, Richard David (2018): *Jäger, Hirten, Kritiker: Eine Utopie für die digitale Gesellschaft.* Goldmann.
- Precht, Richard David (2022): *Freiheit für alle. Das Ende der Arbeit wie wir sie kannten.* Goldmann.

_____

Generationenklima.

In den 80ern gingen *Diejenigen*, die darüber gelesen hatten, davon aus, Erderwärmung sei etwas, womit eventuell mal **späte Nachfahren** umzugehen hätten. *Wir* bekämpften den sauren Regen.

In den 1990ern dachten *Wir*, Klimawandel ist etwas Theoretisches, dass am fernen Horizont wohl *unsere* **Urenkel** treffen könnte. *Wir* kauften FCKW-freie Kühlschränke, tanzten durch die Nacht und stiegen ins Flugzeug nach Mallorca.

In den Nuller Jahren flogen *die Meisten* nach Asien, Mallorca und Ägypten.

In der ersten Hälfte der 2010er Jahre erfassten *Viele von uns*, dass der Klimawandel tatsächlich menschengemacht ist und *unsere* **Enkel** betreffen wird. Zugunsten *unserer* **Kinder** schrieben *wir* die ‚schwarze Null‘, kauften Biogemüse und zeigten ihnen das Great Barrier Reef.

In der zweiten Hälfte desselben Jahrzehnts wurde *Manchen* klar, dass die Klimakrise *unsere* **Kinder** betrifft. *Wir* forderten eine **Enkel**taugliche Politik – und unternahmen… einiges, z. B. Zubringerflüge in die Südsee, um von dort aus auf Kreuzfahrt zu gehen.

Jetzt, um das Jahr 2022, lassen *zu Wenige von uns* die Erkenntnis zu, dass die Doppelkrise ‚Klima/Massenaussterben‘ ***uns selbst*** trifft und gemeinsam mit *uns* auch *unsere* Kinder, **Enkel:innen,**

Urenkel:innen und alle weiteren Nachfahren. *Wir verbieten erfolgreich Plastiktüten und Ohrstäbchen, wir steigen in unseren SUV und wir fordern z u g u n s t e n u n s e r e r G e n e r a t i o n – als Grundvoraussetzung für Vorgespräche über mögliche Verhandlungen zu weiterem Arten- und Klimaschutz – die unabdingbare ‚Sozialverträglichkeit' aller künftig eventuell einzuführenden Minimalreformen. Denn, und das wird man ja noch mal sagen dürfen:*

Ohne Generationengerechtigkeit kann es keinen Klimaschutz geben.

Den Wasserhahn tätscheln.

Zum Unterschied zwischen Überfluss(gesellschaft) und Wohlstand(sgesellschaft):

- Dekadenz ist, wenn Luxus nicht mehr als selbiger angesehen, sondern als ‚normal' und selbstverständlich empfunden wird.

Überfluss als Normalität?

Angemessen wäre vielmehr, dass wir jeden Morgen direkt nach dem Aufstehen wachen Auges durch unsere Wohnung streifen, unseren Wasserhahn tätscheln, den Lichtschalter liebkosen, sanft über die Drehknöpfe unseres Herdes fahren, den Kühlschrank mit einem warmen Lächeln bedenken, unserer Toilette applaudieren, die Waschmaschine umarmen und uns glücklich schätzen, dass wir, was unser ‚Dach über dem Kopf', unsere grundlegenden Lebensumstände, was unsere Ernährungs- und Rechtssicherheit sowie was unser Gesundheitswesen betrifft in Relation zur Lebensweise in Deutschland vor 1960 und bezogen auf die Lebensumstände der allermeisten Menschen – historisch und gegenwärtig – auf diesem Planeten in einem Paradies leben dürfen.

Diese Dinge sind gefährdet. Für *diese* Dinge haben wir zu kämpfen. Für unsere Nachkommen. Das ist das Mindeste.

Was bedeutet da schon eine Flugreise oder eine Kreuzfahrt?

Enkel:innen – oder: Kreuzfahrt?

Was soll sich in Deutschland lohnen: Was soll belohnt und gefördert werden? Und was nicht?

- Gesundheit – oder: Krankheit

- Ein gutes Leben für Alle – oder: ein luxuriöses Leben für Wenige

- Ein Leben basierend auf den Menschenrechten – oder: ein Leben, das im Grunde genommen auf faktischer Sklaverei, Kinderarbeit und Menschenrechtsverletzungen beruht

- Kooperation/Solidarität – oder: Konkurrenz

- Ellbogengesellschaft – oder: Gemeinsinn?

- Nabelschau – oder: Gemeinwohl

- Pflege – oder: Aktienbesitz

- ÖPNV – oder: privater Pkw/motorisierter Individual-verkehr (MIV)

- Schiene – oder: Lkw/Autobahn

- Parkplätze – oder: Plätze und Parks

- Liebe – oder: Geld/Konkurrenz/Macht

- Hygge[2] – oder: Hybris[3]

---

[2] Hygge meint den Zustand des bewussten, runterfahrenden, wertschätzenden Miteinander-Abhängens z. B. bei Kerzenschein und Tee, des Palaverns mit Freund:innen, ohne zu tief in konfliktreiche (z. B. politische) Themen einzustei-gen – und beschreibt letztlich das Streben nach freier Zeit (Freizeit) und Zeit-Erleben (allein oder mit Vertrauten) ohne großen materiellen oder organisatori-schen Aufwand; s. a. Portal *LebeLieberLangsam* Beitrag „Hygge vs. Hybris / Hygge contra Hybris" unter https://lebelieberlangsam.de/hybris-vs-hygge-hygge-contra-hybris.

- Regionales – oder: globales Obst/Gemüse (bezogen auf Pflanzen, die auch in Mitteleuropa wachsen)

- Erzeugnisse, die lange halten – oder: Produkte mit implementierter Obsolenz (=eingebaute Schwachstelle)

- Einwegklamotten – langlebige Qualitäts-Kleidungsstücke ohne Mikroplastik

- erneuerbare Energie – oder: fossile Energie

- CO_2-vermeidendes Leben – oder: zivilisationsaufkündigende CO_2-Prasserei

- Parität – oder: Männer (Parität = Frauen sind gleichwertig an relevanten wirtschaftlichen, gesellschaftlichen und politischen Entscheidungen beteiligt[4]

- Dezentrale Lösungen à la Blockheizkraftwerk – oder: Großtechnologie à la Megastaudamm

- Bürger:innenstrom – oder: Konzernstrom

- Bauen im Bestand und Umverteilung von bestehendem Wohnraum – oder: Neubau inkl. Bodenversiegelung und mehr Infrastruktur

- Muße – oder: Hamsterrad

- Frieden – oder: Krieg

- Partnerschaft/Solidarität – oder: faktischer Kolonialismus/Imperialismus

---

[3] Hybris = Hochmut, Überheblichkeit, Vermessenheit. Im weiteren Sinne das *HöherSchnellerWeiter*-Leben der Frühindustrialisierten in Abtrennung von der Mitwelt und mit dem fatalen Anspruch, die Welt bzw. die Natur zu beherrschen, die doch zweifellos uns, die Menschen, beherrscht.

[4] siehe *Handbuch Klimakrise: Generationengerechte Politik für die Zukunft: Klima, Ökofeminismus und Parität* unter paritaet.handbuch-klimakrise.de.

- Backcasting (vom Ziel bzw. vom erforderlichen Ergebnis her denken) – oder: „Wir machen doch schon." (Vom Ist-Zustand her denken.)

- Wir sind Erde – oder: Wir sind Herrscher der Erde

- Nachhaltige Ressourcennutzung – oder: Extraktivismus[5]

- Einfache Regeln – oder: komplizierte Regeln mit zahlreichen Ausnahmen

- Freiheit für alle Menschen – oder: Freiheit für Reiche

- Gemeinwohl – oder: grenzenloser Reichtum für Wenige

- Genossenschaften – oder: Shareholder Value

- Sorgfaltspflicht – oder: organisierte Verantwortungslosigkeit

- Vorsorgeprinzip – oder: Nachsorgeprinzip (=Schadensbeseitigung, soweit überhaupt möglich)

- Outside the box-Thinking – oder: Inside the box-Thinking

- Lebendige Städte u. a. mit guter Luft – oder: privater Pendler:innenverkehr u. a. mit Stickoxiden

- Strukturierte Städte – oder: zersiedeltes Land

- Langfristiges – oder: Kurzsichtiges

- bodenaufbauende Agrarkultur – oder: konventionelle bodenvernichtende Landwirtschaft

---

[5] Extraktivismus = gemeint ist der Neo-Extraktivismus, bei dem nicht-nachhaltig, per Raubbau sowie vielfach unter Missachtung der Rechte oftmals indigener Bevölkerungsteile verbunden mit massiven Umweltschäden meist von internationalen Firmen in Eigenregie oder per Joint-Venture mit der jeweiligen Regierung Rohstoffe ausgebeutet werden. Dies geschieht i. d. R. zudem zukunftsblind und somit nicht generationengerecht.

- Umwelt – oder: Untergang
- Sauberes Trinkwasser – oder: Tierställe
- by design – oder: by desaster
- Enkel:innen – oder: Kreuzfahrt

Wenn man sich die Liste anschaut: *Nichts ist, wie es sein sollte.*

Bessere Alternativen sind nicht *un*denkbar, sondern längst vorhanden und: *machbar.*

Und zivilisations*bewahrend.*

Wir *feuern* uns derzeit ins *Dinosaurierzeitalter* zurück.

‚Pictures help' – ein Bild:

Unser Planet hatte einst eine heiße Atmosphäre, die sehr viel CO_2 enthielt: Die Erde war eine heiße CO_2-Hölle. Es bildeten sich Lebensformen, welche den Kohlenstoff C vom Kohlendioxid CO_2 zum Leben brauchen. Meist mit Hilfe der Photosynthese entzog dieses pflanzliche Leben dem CO_2 das C. Übrig blieb sozusagen der nicht benötigte Abfallstoff Sauerstoff O_2. Als es ausreichend von diesem Abfallprodukt O_2 in der Atmosphäre gab, entstand eine andere Form von Leben, das genau dieses Abfallprodukt zum Leben braucht: Tierisches Leben. Tierisches Leben ist also eine Art Gegenspieler zum pflanzlichen Leben, denn es atmet O_2 ein und gibt beim Ausatmen CO_2 in die Atmosphäre. So entstand ein Kreislauf und langfristig eine gewisse Balance – wobei im Laufe der Jahrmillionen der Atmosphäre nach und nach mehr und mehr C bzw. CO_2 entzogen wurde – so wurde es langsam kühler auf der Erde. (Lassen wir mal die Eiszeiten etc. vereinfachend beiseite). Wenn die Pflanzen, die das C gespeichert enthielten, starben, fielen sie auf den Waldboden und wurden von anderen Pflanzen, Bäumen, Laub etc. irgendwann auf verschiedene Weise verdeckt. Durch unterschiedliche Vorgänge – z. B. durch Luftabschluss und Druck – wurden aus dem Kohlenstoff C fossile Stoffe wie Öl, Kohle oder Gas. Wenn wir diese fossilen Stoffe (bestehend aus C) in der Luft/Atmosphäre verbrennen, zieht das Feuer – wie wir alle wissen – Sauerstoff (O_2) an, sonst kann es nicht brennen. Das Feuer würde ersticken ohne O_2. Der Kohlenstoff C verbrennt also, in dem er das C mit dem O_2 zusammenbringt, zu CO_2.

Dieses Bild macht auch deutlich, dass Kohlenstoff nicht unser Feind ist, wie man angesichts der vielen Hiobsbotschaften rund um ‚ausgestoßenes' CO_2 denken könnte. Der Kohlenstoffkreislauf[6], dessen historischer Teil im vorangegangenen Absatz dargestellt wurde – ist *der* grundlegende natürliche Prozess, der unser Leben ermöglicht, den wir Menschen aber aus der Balance gebracht haben: Kohlenstoff C und Kohlendioxid CO_2 sind nicht *grundsätzlich* schädlich – es geht um die *Menge* des CO_2 in der Atmosphäre.

Was also passiert – einfach ganz logisch betrachtet – wenn wir Menschen den zuvor über einen unvorstellbar langen Zeitraum von Jahrmillionen hinweg nach und nach der Atmosphäre entzogenen Kohlenstoff als CO_2 – innerhalb von gerade mal 250 Jahren – wieder in die Atmosphäre jagen?

---

[6] Kohlenstoffkreislauf oder Kohlestoffzyklus meint den natürlichen Kohlestoffaustausch zwischen Atmosphäre, Landvegetation und Ozean, die allesamt sowohl Quellen als auch Senken sind. Ohne Industrialisierung ist dieser Prozess weitgehend und über einen *sehr* langen Zeitraum in Balance gewesen (vgl. *Handbuch Klimakrise: CO2-Gehalt in der Atmosphäre* unter co2.handbuch-klimakrise.de). So betragen „[d]ie natürlichen Austauschmengen … zwischen Atmosphäre und Land 120 Gt C/Jahr (Gigatonnen Kohlenstoff pro Jahr) und zwischen Atmosphäre und Ozean 70 Gt C/Jahr" (*bildungsserver* 2020). Seit der Industrialisierung kommt vor allem durch Verbrennung fossiler Brennstoffe sowie der Produktion von Zement mehr CO_2 in die Atmosphäre (vgl. o. g. *Handbuch*-Link). Der einfachste Teil des Kohlenstoffkreislaufes ist der oben beschriebene mit dem Wechselspiel zwischen CO_2 und O_2 zwischen Pflanzen und Tieren. Ein Teil des CO_2, das Pflanzen binden, wird in den Boden eingetragen und verbleibt dort zu einem guten Teil z. B. in einem Jahrmillionen währenden Prozess in Form von eingelagertem Kohle, Gas oder Öl. Wenn Wälder sterben/brennen, wird CO_2 in die Atmosphäre getragen… Das Meer nimmt einen Teil des CO_2 via gelöstem Carbonat (auch über Muschelkalk) auf, über Phytoplankton, welches gefressen wird sowie durch absterbende Meeresorganismen, die sich am Meeresboden ablagern und via Druck zu Sedimentgestein werden … CO_2 wird an Land in Kalkstein gelagert und gelangt durch Verwitterung selbigen Gesteins in die Atmosphäre. All diese Teilprozesse ergeben einen natürlichen, in sich stabilen Kohlekreiselauf – solange man nicht anfängt, die eingelagerten fossilen Kohlenstoffe in die Atmosphäre einzubringen.

Konkret verfeuert die Menschheit derzeit jedes Jahr – Jahr für Jahr – so viel Erdöl, Kohle und Gas, wie „sich zur Zeit der Entstehung … in rund einer Million Jahre gebildet hat (Rahmstorf/ Schellnhuber 2018, 34).

Ganzheitlicher ausgedrückt: Wir konfrontieren unseren Planeten jährlich sozusagen mit der in einer Million Jahren gespeicherten Sonnenenergie.

Wir verändern die Zusammensetzung der Atmosphäre – und machen sie wieder, mit jedem Liter Öl, mit jedem Feuer, mit jeder Kohleladung, mit jedem Entzünden eines Gasofens, Stück für Stück zu der eingangs beschriebenen immer wärmeren und schließlich heißen CO_2-Hölle:

Wir *feuern* uns klimatisch gesehen sozusagen ins *Dinosaurierzeitalter* zurück.

_____

Quellen

- *Handbuch Klimakrise: Globales, nationales & individuelles CO_2-Budget*, unter budget.handbuch-klimakrise.de

- *Bildungsserver* (2020): „Kohlenstoffkreislauf". In: *wiki bildungsserver Klimawandel*, 5.2.2020, online unter https://wiki.bildungsserver.de/klimawandel/index.php/Kohlenstoffkreislauf (Abrufdatum 12.6.2020)

- Rahmstorf, Stefan u. Schellnhuber, Hans Joachim (2018): *Der Klimawandel. Diagnose, Prognose, Therapie*. 8., vollständig überarbeitete und aktualisierte Auflage. München: Beck.

_____

‚Web of Life': Das Netz, das uns einer Hängematte gleich trägt. Und wir sind: schwer.

[short version]

Die Biodiversität des Planeten gleicht einem engmaschigen Netz. Dieses Netz trägt uns, einer Hängematte gleich. Und wir sind: schwer.

[long version]

- Wir haben uns klar zu machen, dass die Nahrungskette bzw. die Biodiversität auf dieser Welt einem engmaschigen Netz gleicht.

- Jedes Lebewesen – ob Tier, Pilz oder Pflanze –, das ausstirbt oder zahlenmäßig nicht mehr relevant vorhanden ist, repräsentiert eine durchgeschnittene Masche des Netzes.

- Es wird grobmaschiger, instabiler – und irgendwann reißt es an einigen und an immer mehr Stellen und Lebewesen sterben vermehrt aus, weil ihre Nahrung bzw. Lebensumgebung ausstirbt, was dazu führt, dass andere Pflanzen nicht mehr bestäubt werden oder andere Tiere keine Nahrung mehr finden…

- Dieses Netz trägt uns, einer Hängematte gleich – und wir sind: schwer.

Das Klimanifest.

von Marc Pendzich

Apropos
‚Bitte mach mir den Teppich nicht nass, während du löschst!'

Philipp Schröder, Experte für erneuerbare Energien und früherer Tesla-Chef Deutschland, fasst die Klimapolitik-Situation wie folgt in ein Bild:

- „Man versucht ein Feuer zu löschen – das ist die Klimakatastrophe. Und diejenigen, die die Feuerlöscher sind, sind … [die] Politiker … und um sie rum hüpfen Lobbyverbände, die sagen, ‚bitte mach mir den Teppich nicht nass, während du löschst.' … Allerdings sind **wir** *alle* … in einer Komfortzone, … und **möchte[n] [auf dem] Sofa sitzen bleiben und** … **nicht nass werden** – und das ist sehr schwer zu lösen."

<hr />

It's the planet, stupid! Mach' es nicht komplizierter als es ist. Es ist ganz simpel:

Wenn ein Haus brennt, löscht man das Feuer.

***Unser* Haus brennt. Also löschen wir es – und wenn wir dabei *nass* werden, dann *werden* wir dabei nass:**

<hr />

Das Klimanifest.
Für ein generationen- und klimagerechtes Jetzt-Handeln.

Für dich, für mich, für uns, für alle, für alles.

Ich *möchte* nass werden!

Für mich selbst.

Für meine Kinder. Für *alle* unsere Nachkommen, die verdammt noch mal das gleiche Recht haben, in einem funktionierenden Ökosystem zu leben.

Für meine Enkel:innen, denn es wäre schön, wenn es sie eines Tages geben könnte.

Für alle Menschen, die ich liebe. – Ja, und auch für die Menschen, die ich nicht mag.

Für ‚mein' Hamburg, für ‚meine' Nordfriesischen Inseln und sonstige von mir geliebte Orte.

Für all die Mitmenschen, die nicht zu den Profiteur:innen des (ohnehin zu Ende gehenden) Status quo gehören.

Für Europa, dem ich mich als EU-Bürger:in zugehörig fühle.

Für uns Menschen der frühindustrialisierten Staaten, in der Hoffnung, dass mehr und mehr Mitmenschen ebenfalls das Bedürfnis entwickeln, ‚nass' zu werden: Es ist eine pure Illusion, dass die Klimakatastrophe und das sechste Massenaussterben uns Westler:innen weniger treffen könnten. Erst recht in einer globalisierten ‚vollen' Welt, in der alles miteinander zusammenhängt.

Für die weiblich gelesenen 51 Prozent der Menschheit, die vom patriarchal geprägten ökozidalen Turbokapitalismus unterdrückt werden und von Armut, Klimaverwerfungen und Biodiversitätsverlust besonders stark betroffen sind.

Für die Menschen der Länder des Globalen Südens, die bis zum heutigen Tag mit dem niemals eingelösten ‚Entwicklungsversprechen' von Politiker:innen und Weltbanker:innen sowie von „Top"manager:innen, Aktionär:innen und auch den Konsument:innen der Industriestaaten verarscht und missbraucht werden – und nun darüber hinaus zuerst und am heftigsten ‚den Kopf hinhalten' für die von ihnen garantiert nicht verursachte globale Umweltkrise.

Für alle diejenigen Menschen, die aufgrund unserer westlichen ‚imperialen Lebensweise' und den daraus entstehenden sozialen Verwerfungen zu den heute schon 20 Millionen ‚Klimaflüchtenden' gehören und die bereits jetzt alles zurücklassen müssen.

Für die Menschenrechte *aller* Menschen auf Leben, Würde, Freiheit, Gleichheit, Parität der sozialen Geschlechter, Solidarität, Sicherheit, Freizügigkeit, Wahlrecht, Frieden, Asyl, Kleidung, Wohnung, Bildung, ärztliche Versorgung, gesunde Nahrung, einwandfreies Trinkwasser, saubere Luft sowie Generationen- und Klimagerechtigkeit.

Ich bitte dich und mich und euch für uns, für alle:

Lasst uns unser anmaßendes ‚Leben im Überfluss' loslassen;
lasst uns genügsam sein und
uns auf ein ‚menschliches Maß' beschränken;
lasst uns die naturgesetzlichen Grenzen würdigen;
lasst uns kosmopolitisch handeln;
lasst uns in Liebe leben und das Leben lieben:
Lasst uns gemeinsam diesen
„kollektiven Suizidversuch" beenden.

Lasst uns alle füreinander ‚nass' werden:

Für das Wunder ‚Leben'; für alles Leben auf dieser Erde, ob es nun CO_2 generiert oder absorbiert; für unsere *Mitgeschöpfe*, für alle Lebewesen, die mit unserem absurden Egotrip – der schlicht und einfach ins *Nichts* führt – nichts zu

tun haben und doch fatalerweise uns Menschen bedingungslos ausgeliefert sind –

und:

Für diese *wunderbare Oase inmitten unbelebter Sterne,* also: für diesen *zum Kasino herab-
gewürdigten Planeten;* für diese zutiefst ge-
schundene blaue Perle namens *Erde,* auf der
wir *jetztbesoffen* herumtrampeln, statt *bei uns
zu sein* und uns so zu benehmen, wie es sich
für Gäste gehört.

Für *alles.* Denn ohne *alles* ist alles nichts.

Marc Pendzich.

„Komm, tanz' im Regen ganz verwegen,
wild und ungestüm für Dich,
Du sollst nur du selber sein."

(… statt Konsument:in.)

aus: ‚Regenzeit' (Song), Marc Pendzich, 1994

———————

Marc Pendzich, https://klimanifest.de

———————

Quellen und Hinweise

Eingangszitat Philipp Schröder:

- Schröder, Philipp (2018): „Klimaretter Deutschland – gut gedacht, schlecht gemacht?" [Philipp Schröder im Gespräch mit Maybrit Illner.] In: *Maybrit Illner*, Talkshow im ZDF, 13.12.2018, online unter https://www.zdf.de/politik/maybrit-illner/klimaretter-deutschland-gut-gedacht-schlecht-gemacht-sendung-vom-13-dezember-2018-100.html (Abrufdatum 14.12.2018) [Hervorhebung im obigen Zitat von Marc Pendzich] [Link nicht mehr verfügbar], s. a. Luley, Peter (2018): „Klima-Talk bei ‚Maybrit Illner‘: Im Weinbergschneckentempo", in: *Der Spiegel*, 14.12.2018, online unter https://www.spiegel.de/kultur/tv/maybrit-illner-ueber-klimapolitik-mit-christian-lindner-im-schneckentempo-a-1243627.html (Abrufdatum 12.9.2022)

———————

Stichwort ‚volle Welt‘:

Wir haben als Realität anzuerkennen, dass wir nicht länger in einer ‚leeren Welt‘ leben – auf deren Basis immer noch sehr viele Menschen argumentieren –, sondern in einer ‚vollen Welt‘, in der wir an die naturgesetzlichen Grenzen stoßen.

- vgl. Göpel, Maja (2020): *Unsere Welt neu denken. Eine Einladung.* Ullstein, S. 29f.

- vgl. Weizsäcker, Ernst Ulrich von; Wijkman, Anders et al. (2019): *Wir sind dran. Was wir ändern müssen, wenn wir bleiben wollen. Eine neue Aufklärung für eine volle Welt. Club of Rome: Der große Bericht.* Pantheon, S. 110f.

Stichwort ,Imperiale Lebensweise', siehe

- Brand, Ulrich u. Wissen, Markus (2017): *Imperiale Lebensweise: Zur Ausbeutung von Mensch und Natur in Zeiten des globalen Kapitalismus.* oekom.

Stichwort ,menschliches Maß', siehe

- Paech, Niko (2012): *Befreiung vom Überfluss.* oekom. S. 52.

Stichwort ,Klimaflüchtende', siehe

- Buse, Uwe (u. a.): „Was der Anstieg der Meere für die Menschheit und ihre Lebensräume bedeutet". In: *Der Spiegel* Nr. 49/2018, 1.12.2018. S.12-22.

Hier heißt es:

- „Auf der Weltklimakonferenz 2017 in Bonn ... schätzten UNO-Experten, dass bereits heute 20 Millionen Menschen auf der Flucht vor Hitze, Dürren, Stürmen oder Überschwemmungen seien. Laut einer Weltbank-Studie könnten es bis zum Jahr 2050 mehr als 140 Millionen werden" (22).

Anmerkung dazu, 25.5.2019: Einer der (vielen) Mitautor:innen dieses Artikels ist Claas Relotius, der im Dezember 2019 vom Spiegel der Fälschung überführt wurde; der hier aufgeführte Teil des Artikels ist gemäß Überprüfung des Spiegels nicht zu beanstanden, ist also korrekt, vgl.

- https://www.spiegel.de/kultur/gesellschaft/der-fall-claas-relotius-welche-texte-gefaelscht-sind-und-welche-nicht-a-1249747.html (Abrufdatum 25.5.2019)

Sehr zu empfehlen in diesem Zusammenhang ist die *ARTE*-Doku

- Aders, Thomas (2018): *Klimafluch und Klimaflucht.* TV-Doku, 59 min, online unter https://www.youtube.com/watch?v=tSiRvHzU_JY (Abrufdatum 22.12.2018) [Link nicht mehr verfügbar], s. a. gekürzte Fassung unter https://youtu.be/j9EdueZlC4I (Abrufdatum 12.9.2022)

Stichwort ‚Menschenrechte *aller* Menschen‘, siehe

- *Amnesty International:* „Alle 30 Artikel der Allgemeinen Erklärung der Menschenrechte, diskriminierungssensibel überarbeitete deutsche Übersetzung der Allgemeinen Erklärung". In: *amnesty.de*, online unter https://www.amnesty.de/alle-30-artikel-der-allgemeinen-erklaerung-der-menschenrechte (Abrufdatum 24.6.2021)

Hinweis: Hier handelt es sich um eine vereinfachende Zusammenfassung der Allgemeinen Erklärung der Menschenrechte, die angesichts der globalen Umweltkrise die Aspekte Gesundheit, Gendergerechtigkeit, Generationengerechtigkeit und Klimagerechtigkeit explizit hervorhebt.

Und noch eine Anmerkung: Angesichts der ermüdenden Diskussionen der letzten Jahre ist möglicherweise ein wenig aus dem Blick geraten, dass das *Recht auf Asyl* ein Teil der allgemeinen Menschenrechte ist.

Stichwort ‚kollektiver Suizidversuch', siehe

- Rühle, Alex (2018): „Klimawandel: ‚Gleicht einem kollektiven Suizidversuch'". [Gespräch mit Hans Joachim Schellnhuber]. in: *Süddeutsche Zeitung*, 14.5.2018, online unter https://www.sueddeutsche.de/kultur/klimawandel-gleicht-einem-kollektiven-suizidversuch-1.3978878?reduced=true (Abrufdatum 14.12.2018)

Stichwörter „Oase inmitten unbelebter Sterne" und „Planet zum Kasino herabgewürdigt", siehe

- Laurent, Melanie und Dion, Cyril (2016): *Tomorrow. Die Welt ist voller Lösungen*. Film-Doku. Darin: Pierre Rabhi im Gespräch.

Hier heißt es: „Diese unersättliche Menschheit sieht den Planeten nicht als wunderbare Oase inmitten unbelebter Sterne, in der das Leben herrlich ist: ein wahres Wunder eben."

- Rahhi, Pierre (2018): *Manifest für Mensch und Erde*. Matthes & Seitz Berlin, S. 89. Französische Originalausgabe 2008 unter dem Titel *Manifeste pour la terre et l'humanisme*

Hier heißt es: Unser Planet ist „durch Plünderung und die Gesetze des Marktes von einer Oase zum Kasino herabgewürdigt" worden.

Leitlinien4Future

Sätze, Gedanken, Inspirationen, Aphorismen für eine zukunftsfähige Welt, zusammengetragen von Marc Pendzich.

Es scheint immer unmöglich, bis es vollbracht ist. *You cannot imagine big shifts until they happen.*

Nelson Mandela

Best Things In Life Are Free.

vergessene Weisheit

Ich brauch' das alles nicht.

Marc Pendzich

You're never too small to make a difference.

Greta Thunburg, schwedische Klimaaktivistin (15), bei der Klimakonferenz in Kattowitz, Dezember 2018.

Feminismus ist... ,die radikale Vorstellung, dass Frauen Menschen sind'.

Marie Scheer, 1986, zit. nach Rebecca Solnit (2019): *Wenn Männer mir die Welt erklären.* Hoffmann und Campe, S. 211.

———————

Zu sagen was ist, bleibt die revolutionärste Tat.

Rosa Luxemburg (1870-1919) zugeschrieben.

———————

Die Welt hat genug für jedermanns Bedürfnisse, aber nicht genug für jedermanns Gier.

Mahatma Gandhi (1869-1948) zugeschrieben.

———————

The climate crisis is a man-made problem and must have a feminist solution.

Mary Robinson (*1944), ehemalige UN-Hochkommissarin für Menschenrechte und erste Staatspräsidentin Islands, zit. in. Tabary, Zoe (2018): „Climate change a ,man-made problem with a feminist solution' says Robinson", in: *Reuters*, 18.6.2018, online unter https://www.reuters.com/article/us-global-climatechange-women-idUSKBN1JE2IN (Abrufdatum 9.9.2022)

———————

Handle so, dass die Wirkungen deiner Handlung verträglich sind mit der Permanenz echten menschlichen Lebens auf Erden. Oder negativ ausgedrückt: Handle so, dass die Wirkungen deiner Handlung nicht zerstörerisch sind für die künftige Möglichkeit solchen Lebens.

Hans Jonas (1903-1993), „Ökologischer Imperativ", in: *Das Prinzip Verantwortung*, 1979, S. 36.

———————

Wenn du deiner Zeit nicht voraus bist, kommt sie nie.

Berit Ås (*1928), norwegische Professorin, zit. in Breen, Marta (2020): *How To Be A Feminist. Die Power skandinavischer Frauen und was wir von ihnen lernen können.* Elisabeth Sandmann Verlag, S. 67.

———————

Sei du selbst die Veränderung, die du dir wünschst für diese Welt.

Mahatma Gandhi (1869-1948) zugeschrieben. Konkret sagte er:

- „We but mirror the world. All the tendencies present in the outer world are to be found in the world of our body. If we could change ourselves, the tendencies in the world would also change. As a man changes his own nature, so does the attitude of the world change towards him. This is the divine mystery supreme. A wonderful thing it is and the source of our happiness. We need not wait to see what others do."

Quelle: https://josephranseth.com/gandhi-didnt-say-be-the-change-you-want-to-see-in-the-world/ (Abrufdatum 27.3.2022)

Katharina Afflerbach fasst diesen Gedanken in ihrem 2019 erschienen Buch *Bergsommer. Wie mir das Leben auf der Alp Kraft und Klarheit schenkte. Eine wahre Geschichte.* (Eden, S. 195) kürzer:

Be the story you want to tell.

––––––––––

Das Individuum bestimmt die Gruppe. Änderst du nichts, ändert sich nichts.

Janine Kusatz, 2019, im Zusammenhang mit ihrer Forderung, dass Verhütung künftig auch Männersache sein soll: „Verstrahlte Spermien", in: *Hamburger Abendblatt*, 5.11.2019, S. 14.

––––––––––

**Du schützt nur das, was du liebst,
du liebst nur das, was du kennst.
Du kennst nur das, was man dich lehrt.**

Gudmunður Páll Ólafsson, zit. in Magnason, Andri Snær (2020): *Wasser und Zeit. Eine Geschichte unserer Zukunft.* Insel, S. 5.

––––––––––

Um unsere Wurzeln zu finden, sollten wir vielleicht dort suchen, wo Wurzeln gewöhnlich zu finden sind.

Ursula K. Le Guin (1929-2018) in: *Am Anfang war der Beutel. Warum uns Fortschritts-Utopien an den Rand des Abgrunds führten und wie Denken in Rundungen die Grundlage für gutes Leben schaffen.* thinkoya, 2020, S. 36.

Ich will sehen, was passiert, wenn ich nicht aufgebe.

Eine Konfirmandin zu der Frage, warum sie bei *Fridays For Future* mitmacht. – Vgl. Kohl, Rüdiger (2020): „Ich will sehen, was passiert, wenn ich nicht aufgebe.", in: *hr2 Zuspruch*, 16.3.2020, online unter https://www.kirche-im-hr.de/sendungen/16-ich-will-sehen-was-passiert-wenn-ich-nicht-aufgebe/ (Abrufdatum 27.7.2022)

Solange sich ein Mensch einbildet, etwas nicht tun zu können, solange ist es ihm unmöglich, es zu tun.

Baruch de Spinoza (1632-1677), niederländischer Philosoph.

Das Verhängnis abwenden aber kann nur, wer an die Chance dazu glaubt.

Richard David Precht (*1964), 2018, in: *Jäger, Hirten, Kritiker: Eine Utopie für die digitale Gesellschaft*. Goldmann, S. 11.

Wer in Fußstapfen Anderer tritt, hinterlässt selbst keine Spuren.

Anonymus; so von mir gefunden als Schmiererei in einem Zugabteil; vgl. Ferruccio Busoni (1866-1924): „Wer gegebenen Gesetzen folgt, hört auf, ein Schaffender zu sein", in: *Entwurf einer neuen Ästhetik der Tonkunst*, 1916, S. 31.

Die wahre Vollkommenheit des Menschen liegt nicht in dem, was er hat, sondern in dem, was er ist.

Richard David Precht (*1964), 2018, in: *Jäger, Hirten, Kritiker: Eine Utopie für die digitale Gesellschaft.* Goldmann, S. 105.

Sein statt Haben!

Marc Pendzich, vgl. Oscar Wilde (1854-1900): „...der Mensch dachte, die Hauptsache sei zu haben, und nicht wusste, dass es die Hauptsache ist, zu sein", in: Wilde, Oscar (1891): *Der Sozialismus und die Seele des Menschen. Aus dem Zuchthaus zu Reading. Aesthetisches Manifest.*

**Das Leben ist nur ein Moment
Und wer den Anfang und das Ende kennt
Der weiß es geht nur darum
Sind wir glücklich**

2raumwohnung, aus dem Song „Besser geht's nicht" vom Album *36grad,* 2007.

Wenn Du erkennst, dass es dir an nichts fehlt, gehört dir die ganze Welt.

Laotse, chinesischer Weiser, 6. Jh. v. Chr.

Ich bin nicht, was ich denke zu sein, und nicht, was du denkst, ich sei. Ich bin, was ich denke, du denkst, ich sei.

Charles Horton Cooley (1864-1929), US-Amerikanischer Soziologe, vgl. Wikipedia „Looking-glass self" (Abrufdatum 11.6.2022), zit. nach Shetty, Jay (2020): *Das Think Like A Monk-Prinzip*, Rowohlt Polaris, 29.

―――――――――

Sei frech, wild und wunderbar.

Jochen Mariss zugeschrieben, Autor, Fotograf und Designer, vgl. grafik-werkstatt-bielefeld.de – Es ist *kein* Astrid-Lindgren- oder Pippi-Langstrumpf-Zitat, vgl. https://www.astridlindgren.com/de/faq (Abrufdatum 2.9.2019)

―――――――――

Wir haben zwei Leben und das zweite beginnt, wenn du erkennst, dass du nur eins hast.

Mário Raúl de Morais Andrade (1893-1945), Schriftsteller, Musikwissenschaftler, vgl. https://www.positiv-magazin.de/?p=83406 (Abrufdatum 8.6.2022)

―――――――――

Momentum mori: Bedenke, dass du sterben wirst.

Mittelalterliches Mönchslatein: Eine Einsicht – verstanden als heilsamer Schock.

Daraus folgt:

Wer bin ich, wenn ich nicht arbeite?

Theresa Leisgang in: Leisgang, Theresa u. Thelen, Raphael (2021):
Zwei am Puls der Erde. Eine Reise zu den Schauplätzen der Klimakrise – und warum es trotz allem Hoffnung gibt. Goldmann, S. 125.

———————

Life is short, break the rules.
Forgive quickly, kiss slowly.
Love truly. Laugh uncontrollably.
And never regret anything
that made you smile.

Mark Twain zugeschrieben.

———————

Macht **zu haben und sie nicht zu missbrauchen, ist wohl das Schwerste, was es im Leben gibt.**

Frei nach Astrid Lindgren (1907-2002), vgl. Deggerich, Markus (2002):
„Wir sehen uns in Nangijala", in: *Der Spiegel,* 29.1.2002, online unter:
http://www.spiegel.de/kultur/literatur/abschiedsbrief-an-astrid-lindgren-wir-sehen-uns-in-nangijala-a-179595.html (Abrufdatum 22.12.2018)

———————

Cäsar schlug die Gallier.
Hatte er nicht wenigstens einen Koch bei sich?

Bertolt Brecht (1898-1956), aus dem Gedicht von 1935 namens *Fragen eines lesenden Arbeiters*, siehe https://solid-rlp.de/120-grundsatzprogramm-der-linksjugend-solid-rheinland-pfalz/ (Abrudatum 16.6.2020)

———————

Der Dalai Lama wurde einmal gefragt, was ihn immer wieder am meisten überrasche. Seine Antwort lautete:

Der Mensch, denn er opfert seine Gesundheit, um Geld zu machen.

Dann opfert er sein Geld, um seine Gesundheit wieder zu erlangen.

Und dann ist er so ängstlich wegen der Zukunft, dass er die Gegenwart nicht genießt.

Das Resultat ist, dass er nicht in der Gegenwart lebt; er lebt, als würde er nie sterben, und dann stirbt er und hat nie wirklich gelebt.

Tenzin Gyatso, der 14. Dalai Lama (*1935), zitiert nach https://1000-zitate.de/13410/Der-Mensch-denn-er-opfert-seine.html (Abrufdatum 9.9.2022)

———————

Ich bin nur hier und jetzt.

Katharina Afflerbach, 2019, in: *Bergsommer. Wie mir das Leben auf der Alp Kraft und Klarheit schenkte. Eine wahre Geschichte.* Eden, S. 165.

———————

Kunst ist das Flüstern der Geschichte, das durch den Lärm der Zeit zu hören ist.

Julian Barnes (*1946) legt diese Worte Dmitri Schostakowitsch in seinem Roman *Der Lärm der Zeit* (2016) in den Mund.

———————

Wissen unterscheidet einen schweren Fehler von einem unverzeihlichen Verbrechen.

Jonathan Safran Foer (*1977), US-amerikanischer Schriftsteller, in: *Wir sind das Klima. Wie wir unseren Planeten schon beim Frühstück retten können.* 2019, Kiwi, S. 85.

———————

‚Nach dir die Sintflut' bedeutet ‚vor uns die Sintflut'.

Marc Pendzich

PS: Neben uns ist *jetzt* schon Sintflut.

———————

Wer verstanden hat und nicht handelt, hat nicht verstanden.

Wang Yangming (1472-1529), Philosoph neokonfuzianistischer Tradition.

Die Zukunft sollte man nicht voraussehen wollen, sondern möglich machen.

Antoine de Saint-Exupéry (1900-1944), in: *Die Stadt in der Wüste* (La citadelle), 1948.

Ein Weg entsteht, wenn man ihn geht.

Konfuzius (ca. von 551 v. Chr. bis 479 v. Chr.) zugeschrieben.

Entweder wir erkennen, dass es zerstörerisch wäre, weiterzumachen wie bisher... oder wir akzeptieren, dass wir uns selbst ausrotten.

Patricia Espinosa Cantellano, Leiterin des Sekretariats der Klimarahmenkonvention der UN anlässlich der 2021er, zit. nach Paff, Tino (2021): „Ziviler Ungehorsam und friedliche Sabotage", in: *klimareporter.de*, 1.12.2021, online unter https://www.klimareporter.de/protest/ziviler-ungehorsam-und-friedliche-sabotage (Abrufdatum 10.12.2021)

The true meaning of life is to plant trees, under whose shade you do not expect to sit.

Nelson Henderson zugeschrieben.

―――――――――

Im Leben gibt es etwas Schlimmeres als keinen Erfolg zu haben: Das ist, nichts unternommen zu haben.

Franklin D. Roosevelt (1882-1945)

―――――――――

Multiplikator:innen tragen besondere Verantwortung. Also beispielsweise Politiker:innen, Journalist:innen, Künstler:innen, Influencer:innen – alle Menschen, deren Worte und Handlungen öffentlich beachtet und die als ‚Role Model' *beobachtet* **werden.**

Marc Pendzich

―――――――――

Gewalt hat keine Rasse, keine Klasse, keine Religion oder Nationalität, aber sie hat ein Geschlecht.

Rebecca Solnit, zit. in Maren Urner (2018): „Was wir gewinnen, wenn mittelmäßige Männer den Mund halten", in: *Perspective Daily*, 5.2.2018, https://perspective-daily.de/article/455/WACDv0QG (Abrufdatum 20.1.2020) [paywall]. – „Für Frauen zwischen fünfzehn und vierundvierzig Jahren ist die Gefahr, durch männliche Gewalt zu sterben oder verstümmelt zu werden, weltweit größer als durch Krebs, Malaria,

Krieg oder Verkehrsunfälle zusammengenommen" (N. Kristof in Solnit (2019): *Wenn Männer mir die Welt erklären.* Hoffmann u. Campe, 46.)

**Wir wollen diesen simplen Dualismus auflösen: Die künst-
liche Unterscheidung zwischen Natur und Kultur, zwischen
Frau und Mann, zwischen Menschen und der Erde.**

Émilie Hache, französische Philosophin, über die Arbeit französischer
Ökofeminist:innen, zit. in Annika Joeres (2020): „Das neue Selbst-
bewusstsein der Ökofeministinnen", in: *Die Zeit,* 21.6.2020, online
unter https://www.zeit.de/politik/ausland/2020-06/oekofeminismus-
frankreich-hierarchie-aufhebung-frau-mann-klimaschutz (29.6.2020)

**[D]emokratische Politik [ist] mehr ist als die Summe aller
Einzelinteressen. Was jeden von uns als Individuum überfordern würde, das muss und kann Politik erreichen.**

Horst Köhler, Alt-Bundespräsident, 2016, *Rede zum 25-jährigen Bestehen
der Deutschen Bundesstiftung Umwelt Berlin,* 8.12.2016, online unter
https://www.horstkoehler.de/wp-content/uploads/2016/12/Die-
gro%C3%9Fe-Transformation-in-Zeiten-des-Unbehagens-Horst-
K%C3%B6hler-2016-3.pdf (Abrufdatum 20.11.2019)

Wir dekorieren auf der Titanic die Liegestühle um.

Richard David Precht (*1964), 2018, in: *Jäger, Hirten, Kritiker: Eine Utopie
für die digitale Gesellschaft.* Goldmann.

Auf einem Dampfer, der in die falsche Richtung fährt, kann man nicht sehr weit in die richtige Richtung gehen.

Michael Ende (1925-1995), 1994, in: *Zettelkasten. Skizzen und Notizen.* Weitbrecht, S. 276.

—————

Es gibt keinen Impfstoff gegen Klimarisiken.

Peter Giger, Risiko-Chef des Versicherungskonzerns Zurich, zit. in *dpa*-Meldung, vgl. *Hamburger Abendblatt* (2021): „Eindringliche Warnung: Trotz Pandemie bleibt Klimawandel das größte Risiko", in: *Hamburger Abendblatt*, 19.1.2021, online unter https://www.abendblatt.de/wirt schaft/article231361748/WEF-Trotz-Pandemie-bleibt-Klimawandel-das-groesste-Risiko.html (Abrufdatum 9.9.2022) [paywall]

—————

Wir leben in einer Gesellschaft, in der Wissen gelehrt und Unwissen praktiziert wird, ja, in der Tag für Tag gelernt wird, wie man systematisch ignorieren kann, was man weiß.

Harald Welzer, in: *Alles könnte anders sein. Eine Gesellschaftsutopie für freie Menschen.* S. Fischer, 2019, S. 24.

—————

Tun, was man sagt, und sagen, was man tut.

Pierre Rabhi (*1938), französischer Schriftsteller, Landwirt und Umweltschützer, in: *Glückliche Genügsamkeit*, frz. 2010, dt. 2015, S. 3.

Man sieht nur, was man weiß. Eigentlich: Man erblickt nur, was man schon weiß und versteht.

Johann Wolfgang von Goethe (1749-1832); im Gespräch mit Friedrich von Müller, 24. April 1819, .vgl. http://www.zeno.org/Literatur/M/ Goethe,+Johann+ Wolfgang/Gespr%C3%A4che/%5BZu+den+ Gespr%C3%A4chen%5D/1819 (Abrufdatum 17.3.2020)

Wir alle müssen lernen, unser Leben selbst zu erfinden, zu erdenken, zu imaginieren. Diese Fähigkeiten müssen wir beigebracht bekommen; wir brauchen Vorbilder, die uns zeigen, wie. Andernfalls wird unser Leben von anderen Menschen für uns erfunden werden.

Ursula K. Le Guin (1929-2018) in: *Am Anfang war der Beutel. Warum uns Fortschritts-Utopien an den Rand des Abgrunds führten und wie Denken in Rundungen die Grundlage für gutes Leben schaffen.* thinkoya, 2020, S. 25.

Wer die Vergangenheit wählt, verspielt die Zukunft.

Marc Pendzich

Hass ist keine Meinung.

Eva Döhla (*1972), Oberbürgermeisterin der Stadt Hof, zit. in *SZ* (2020): „Stadt Hof sagt Konzert von Xavier Naidoo ab", in: *Süddeutsche*

Zeitung, 12.8.2020, online unter https://www.sueddeutsche.de/kultur/xavier-naidoo-auftritt-hof-1.4998162 (Abrufdatum 12.8.2020)

***

Democracy is happening all the time – not just on Election Day but every second and every hour. It is public opinion that runs the free world.

Greta Thunberg (16), auf der *Weltklimakonferenz COP25* in Madrid, 11.12.2019, https://youtu.be/11FCyUB81rI?t=287 (Abrufdatum 11.12.2019)

***

Es ist schwierig jemand dazu zu bringen, etwas zu verstehen wenn sein Gehalt davon abhängig ist, es eben nicht zu verstehen.

Upton Sinclair (1885-1951), „It is difficult to get a man to understand something, when his salary depends upon his not understanding it!", in: *I, Candidate for Governor: And How I Got Licked* (1935), ISBN 0-520-08198-6; repr. University of California Press, 1994, p. 109., 1935 – vgl. https://en.wikiquote.org/wiki/Upton_Sinclair (Abrufdatum 3.6.2019)

- vgl. Redewendung „Wes Brot ich ess', des Lied ich sing."

***

All that evil needs to triumph is the silence of good men.

Edmund Burke (1729-1797) zugeschrieben, irischer Staatsmann und Philosoph.

Man muss Partei ergreifen. Neutralität hilft dem Unterdrücker, niemals dem Opfer. Stillschweigen bestärkt den Peiniger, niemals den Gepeinigten.

Elie Wiesel (1928-2016), Schriftsteller und Friedensnobelpreisträger.

Mut ist ein Anagramm für Glück.

Frei nach Julia Engelmann, 2014: „One Day". [Gedicht], in: *Eines Tages, Baby*. Goldmann, S. 28 oder per *Youtube*, beide Versionen haben ihren eigenen Charme: www.youtube.com/watch?v=ti_iSp9zYHY (Abrufdatum 17.12.2018) und www.youtube.com/watch?v=DoxqZWvt7g8 (Abrufdatum 17.12.2018)

Nur das, was ich an mir annehme, kann verwandelt werden. Was ich an mir ablehne, das bleibt an mir hängen.

Anselm Grün (*1945), Benediktpater, in: *Vom Glück der kleinen Dinge*, 2019, S. 56. *Dazu passend auch:*

Wir werden befreit von dem, was wir annehmen, aber wir sind Gefangene dessen, was wir ablehnen.

Swami Prajnanpad (1891-1974)

Im weltweiten Maßstab gehört jede:r Bürger:in Deutschlands zu den 'oberen Zehntausend'.

Check your privilege.

Marc Pendzich – vgl. „check your Privilege" z. B. bei Hinsliff, Gaby (2017): „,Check your privilege' used to annoy me. Now I get it", in: *theguardian.com*, 27.12.2017, online unter https://www.theguardian com/commentisfree/2017/dec/27/check-your-privilege-racism-sexism-education-income (Abrufdatum 17.4.2022)

Für Menschen, die sehr privilegiert sind, … fühlt sich Gerechtigkeit an als würde einem was weggenommen.

Gerhard Reese (*1981), Umweltpsychologe, 2020 im Podcast „Warum wir den Klimawandel verstehen, aber trotzdem nicht nachhaltig leben" von Lenne Kaffka, in: *Smarter leben – Der Ideen-Podcast*, 6.6.2020, online unter https://www.spiegel.de/psychologie/klimawandel-was-passieren-muss-damit-wir-umweltfreundlicher-leben-a-b2e9f4a3-23ae-4715-9a5c-bf1d424cbffa (Abrufdatum 22.6.2020)

Gewohnheitsrechte sind keine Rechte, sondern lediglich schleichend ausgedehnte und schließlich beanspruchte, meist grenzüberschreitende und in diesem Sinne schlechte Angewohnheiten.

Marc Pendzich

Ich setzte den Fuß in die Luft, und sie trug.

Hilde Domin (1909-2006), deutsche Lyrikern, erhielt sich trotz zahl-
reicher Emigrationserfahrungen stets ihre Zuversicht, – siehe Domin,
Hilde (2018): *Sämtliche Gedichte*. Fischer, S. 49.

**Carpe Diem! – Korrekt verstanden als Aufforderung, das
Leben zu leben ohne Entfremdung auf der Überholspur des
HöherSchnellerWeiter.**

Nach Horaz (*65 v. Chr.), vgl. Film *Der Club der toten Dichter* von Peter
Weir, 1989: „‚Carpe Diem'... ‚Warum hat der Dichter diese Verse geschrieben?' – ‚Weil er es *eilig* hatte! rief ein Schüler. ... ‚Nein, nein, nein!
Sondern weil wir Nahrung für die Würmer sind, Jungs!' schrie Keating. Weil wir Frühjahr, Sommer und Herbst nur in begrenzter Anzahl
erleben werden. Es ist kaum zu glauben, aber eines Tages wird jeder
einzelne von uns aufhören zu atmen, wird erkalten und sterben.' ...
‚Haben die meisten von ihnen nicht gewartet, bis es zu spät war, um in
ihrem Leben nur ein Quentchen von dem zu verwirklichen, wessen sie
fähig waren? Sie jagten dem allmächtigen Götzen Erfolg nach – haben
sie dadurch nicht die Träume ihrer Jugend verraten?' ... ‚Carpe diem',
flüsterte Keating. ‚... Macht etwas Ungewöhnliches aus eurem Leben!'"
in: Kleinbaum, N.H. (1990): *Der Club der toten Dichter*. Bastei Lübbe,
S. 29-30.

**Fangen wir an, zu begreifen,
Dass die kleinen Dinge reichen?
Dass sie reichen mit dir.**

... *Woran man erkennt, dass* es *passt*... – Wincent Weiss, Song „Wer wenn
nicht wir", 2021.

Sei dankbar und tu' die Dinge mit Liebe – und erwarte keine Dankbarkeit.

Marc Pendzich

Wer kämpft, kann verlieren. Wer nicht kämpft, hat schon verloren.

Frei nach ,Sponti'-Spruch, 1970er, basierend auf Bertold Brecht: „Wer den Kampf nicht geteilt hat / Der wird teilen die Niederlage", in: „Kolomann Wallisch Kantate", *Bertold Brecht Gedichte* 4, Aufbau-Verlag 1993.

Hat man sein Warum des Lebens, so verträgt man sich fast mit jedem Wie.

Friedrich Nietzsche (1844-1900), Philosoph, in *Götzen-Dämmerung, Sprüche und Pfeile*, S. 12.

Was ich nicht in der Hand habe, lasse ich los.

Marc Pendzich

Man muss sich viel anhören, bevor einem die Ohren abfallen.

Astrid Lindgren (1907-2002), 1948/2008 via Pippi Langstrumpf im Gespräch mit einem „prächtige[n] Herr[n] mit blanken Schuhen und einem dicken, goldenen Ring am Finger" (8), der ihre Villa Kunterbunt
zum Spottpreis kaufen und niederreißen möchte, in *Pippi in Taka-Tuka-
Land*, S. 15.

**Lassen Sie sich niemals von dem beeinflussen, was Sie glau-
ben möchten, oder von etwas, von dem Sie annehmen, dass
es nützliche soziale Auswirkungen hätte, wenn es geglaubt
würde. Betrachten Sie lediglich die Fakten.**

Betrand Russel (1872-1970) – *Face to Face Interview* (BBC, 1959), online
unter https://www.youtube.com/watch?v=1bZv3pSaLtY (Abrufdatum
11.5.2020), deutsch zit. in Bregman, Rutger (2020): *Im Grunde gut*, 282.

**Ich fand es schon immer verdächtig, dass die Sonne jeden
Morgen im Osten aufgeht.**

Fakenius (um 50 v. Chr.), Römischer Legionär in *Asterix und der Greif*,
2021, S. 23.

Bleib erschütterbar und widersteh.

Peter Rühmkorf (1929-2008) – Titel eines Gedichts.

Man kann einen Hund nicht zum Jagen tragen.

Cheryl Strayed, in ihrem Buch *Der große Trip*, Goldmann, 2014, S. 220.

Zuerst ignorieren sie dich,
dann lachen sie über dich,
Dann bekämpfen sie dich
und dann gewinnst du.

Mahatma Gandhi (1869-1948) zugeschrieben.

Wenn wir unser angestrengtes Wollen einmal loslassen, geht uns das Geheimnis der Welt und des Daseins auf.

Anselm Grün, Benediktpater, 2008, *Vom Zauber der Muße*, Kreuz-Verlag, S. 24.

Wer viel hat, hat auch viel Gepäck.

Sprichwort aus der Mongolei, zit. in der Doku *Weit – Die Geschichte von einem Weg um die Welt*, 2017, ca. Min. 72, von Gwendolin Weisser und Patrick Allgeier. ...

... Ein Thema, dass *Silbermond* 2015 aufgriffen mit den Zeilen „[E]ines Tages fällt dir auf / Dass du 99% davon nicht brauchst / Du nimmst all den Ballast / Und schmeißt ihn weg / Denn es reist sich besser / Mit leichtem Gepäck". *Dazu passend auch:*

Wer Ziegen hat, hat Ziegenprobleme.

Frei nach Chögyal Namkhai Norbu (1938-2018), tibetischer Dzogchen-Meister, Autor und Historiker in der Film-Doku *My Reincarnation*, 2011, Min. 73f. – Gut ins eigene Leben zu übersetzen bspw. als „Wer ein Auto hat, hat Autoprobleme wie z. B. Anschaffungs-, Versicherungs- und Wartungskosten – das alles kostet relevant Zeit, Nerven, Energie, Arbeitskraft und Geld." …ist übertragbar auf sämtliche Konsumbereiche.

Der erste Schritt zum Loslassen ist ein großer Papierkorb.

Irmtraut Tarr, Psychotherapeutin, im Interview mit der *SZ*, in: Reich, Stephan (2021): „Wie man es schafft, endlich loszulassen", in: *Süddeutsche Zeitung*, 1.3.2021, online unter https://sz-magazin.sueddeutsche.de/wissen/loslassen-psychologie-89757 (Abrufdatum 19.11.2021)

Wenn wir das Leben als ein System von Angewohnheiten betrachten, dann steigern gute Angewohnheiten die Lebensqualität.

Robert Wringham (*1982), in: *Ich bin raus. Wege aus der Arbeit, dem Konsum und der Verzweiflung*. Heyne, 2016.

Monotasking.

Marc Pendzich

Zu arbeiten, etwas zu gestalten, sich selbst zu verwirklichen liegt in der Natur des Menschen.

Von neun bis fünf in einem Büro zu sitzen und dafür Lohn zu bekommen nicht!

Richard David Precht (*1964), 2018, in: *Jäger, Hirten, Kritiker: Eine Utopie für die digitale Gesellschaft*. Goldmann, S. 99.

————————

Je stiller wir sind, umso mehr hören wir.
Je langsamer wir leben, umso mehr Zeit haben wir.
Je mehr Liebe wir verschenken, umso reicher ist unser Herz.

Jochen Mariss, Autor, Fotograf und Designer, vgl. grafik-werkstatt-bielefeld.de (Abrufdatum 9.9.2022)

————————

Was der Sinn des Lebens *nicht* ist, das weiß ich. Geld und anderes Zeug zusammenzukratzen, ein Promileben zu führen, auf den entsprechenden Seiten der Frauenzeitschriften zu posieren und solche eine Angst vor Einsamkeit und Stille zu haben, dass man nie in Ruhe und Frieden über die Frage nachdenken kann: Was mache ich mit meiner kurzen Zeit auf Erden?

Astrid Lindgren (1907-2002), 1983, zit. nach Andersen, Jens (2014): *Astrid Lindgren – ihr Leben*, S. 5.

Wenn heute in Deutschland pro Jahr 400 Milliarden Euro schlichtweg vererbt werden, ist der Begriff ‚Leistungsgesellschaft' kaum mehr als ein Euphemismus.

Richard David Precht (*1964), 2018, in: *Jäger, Hirten, Kritiker: Eine Utopie für die digitale Gesellschaft*. Goldmann, S. 115.

Alles was zählt, das kann man nicht zählen.

Namika, Song „Alles was zählt", 2018.

Die größte Befreiung wartet dort auf Dich, wo die Angst wohnt.

Marc Pendzich

TAALOA – There are always lots of alternatives!

In Anlehnung an die angeblich *Alternativlose Politik* der Regierung Merkel und an TINA – „There ist no Alternative". Schein-Argument von Margret Thatcher, um den Neoliberalismus durchzudrücken: Operation gelungen, Patient aktuell dem Koma nahe.

Ich will euch nur sagen, dass es gefährlich ist, zu lange zu schweigen. Die Zunge verwelkt, wenn man sie nicht gebraucht.

Astrid Lindgren (1907-2002) via Pippi Langstrumpf in *Pippi geht an Bord*, 1946, Ausgabe 2007, S. 129.

Restriction is the mother of invention.

Holger Czukay, zugeschrieben, Musiker der Gruppe *Can*. „Erst dann, wenn einem nicht alles möglich sei, müsse man sich etwas Neues einfallen lassen." – Quelle: Groebner, Valentin (2020): *Ferienmüde*, konstanz university press, S. 148.

Das große Übel ist, dass wir uns jetzt anonym und ohne Hemmungen beleidigen können. Man braucht überhaupt keinen Mut zu haben – ein Paradies für Feiglinge.

Anita Lasker-Wallfisch, Überlebende des KZ Bergen Belsen, 2020, über das Internet bzw. Social Media und Hass-Kommentare.

Je weiter wir das Maul aufreißen, desto fundierter müssen wir sein.

Grundsatz von Birgit Müller, Chefredakteurin des Hamburger Straßenmagazins Hinz&Kunzt, zit. nach Gräff, Friederike (2018): „‚Wir waren supernaiv'", in: *tageszeitung*, 17.12.2018, S. 23.

Jeder, der glaubt, exponentielles Wachstum kann andauernd weitergehen in einer endlichen Welt, ist entweder ein Verrückter oder ein Ökonom.

Kenneth E. Boulding (1910-1993), US-amerikanischer Wirtschaftswissenschaftler – „Anyone who believes exponential growth can go on forever in a finite world is either a madman or an economist."

Zufußgehen bringt kein Wachstum.

Marc Pendzich

PS: Das Bruttoinlandsprodukt (BIP) wächst immer dann, wenn eine Rechnung geschrieben wird. Ob nun eine Dienstleistung zur Beseitigung eines Ölteppichs oder zur Trauma-Therapie aufgrund von Klimaangst: Das BIP steigt. Je größer die Rechnung, desto ‚besser‘. Deshalb investiert man am liebsten in große, kapitalintensive Projekte – und nicht in kleine, Mitwelt-schonende Projekte. Nicht in die Fahrradmanufaktur – eine Autofabrik muss es sein. Nicht in frische, einfache Lebensmittel – Fertignahrungsmittel sind deutlich kapitalintensiver. Nicht ins Blockheizkraftwerk, sondern ins Atomkraftwerk etc. pp. Und was diese Autofabriken, Fertignahrungsmittel und Atomkraftwerke kaputtmachen bringt: neue Rechnungen. *Welcome to Capitalism.*

Alle Wahrheit resultiert aus der Beobachtung der Natur.

Sprichwort der (vom Klimawandel besonders früh betroffenen) Nomaden im Himalaya, Region Ladakh – „All the truth comes from the observation of nature"; Quelle: Rangel, André und Negrão, Marcos (2010): *Der zerbrochene Mond.* Doku-Film.

Die Probleme, die es in der Welt gibt, können nicht mit den gleichen Denkweisen gelöst werden, die sie erzeugt haben.

Albert Einstein (1879-1955) zugeschrieben.

Wer Straßen sät, wird Verkehr ernten.

Daniel Goeudevert (*1942), ehemaliger VW-Vorstandsvorsitzender (in den 1990er Jahren), zit. in: Schiesser, Walter (2010): „Wer Strassen sät, erntet Verkehr". In: *Neue Zürcher Zeitung*, 28.6.2010, online unter https://www.nzz.ch/wer_strassen_saet_erntet_verkehr-1.6281269 (Abrufdatum 29.7.2020)

Wenn wir die Schöpfung (Natur) zerstören, wird die Schöpfung (Natur) uns zerstören.

Papst Franziskus bei der Generalaudienz auf dem Petersplatz am 21. Mai 2014 – Verfasser der Umweltenzyklika *Laudato si!* (2015), in der der Papst *deutlichst* zum Kampf für den Klimaschutz und Klimagerechtigkeit aufruft.

Wir sind nur Gast der Natur und müssen uns dementsprechend verhalten. Der Mensch ist der gefährlichste Schädling, der je die Erde verwüstet hat.
Der Mensch muß sich selbst in seine ökologischen Schranken zurückweisen, damit die Erde sich regenerieren kann.

Friedensreich Hundertwasser (1928-2000), aus: *Friedensvertrag mit der Natur*, vgl. http://www.hundertwasserfoundation.org/2011/03/22/ statuten-oekologie/ (Abrufdatum 15.12.2019)

———————

Die Menschen hatten immer zu wählen zwischen ihrer Unterwerfung unter die Natur oder der Natur unter das Selbst.

Max Horkheimer u. Theodor W. Adorno (1944), in: *Dialektik der Aufklärung*, S. 32 bzw, S. 38.

———————

Man kann nichts mitnehmen.

Aufforderung zum (gemäßigten) Minimalismus, frei nach H. M.; früher hätte man mutmaßlich gesagt: „Das letzte Hemd hat keine Taschen".

———————

Du weißt nicht mehr, wie Blumen duften,
Kennst nur die Arbeit und das Schuften –
… so geh'n sie hin, die schönsten Jahre,
Am Ende liegst Du auf der Bahre
Und hinter dir, da grinst der Tod:
Kaputtgerackert – Vollidiot!

Joachim Ringelnatz (1883-1934), zitiert nach: Anselm Grün, Benediktpater, 2008, *Vom Zauber der Muße*, Kreuz-Verlag, S. 52.

Wer sich ... der Natur überlegen fühlt, wird blind gegenüber der Weisheit der Beschränkung.

Philip Bethge, *Spiegel*-Journalist im Zusammenhang mit dem sechsten Massenaussterben, in: „Weisheit des Verzichts". In: *Der Spiegel*, 19/4.5.2019, S. 102.

———————

Kapitalismus ist letztlich schlicht ein anderes Wort für Effizienzsteigerung durch Vernichtung von Mitwelt, Zukunft und menschlicher Arbeitskraft.

Marc Pendzich

———————

Erst wenn der letzte Baum gerodet,
der letzte Fluss vergiftet,
der letzte Fisch gefangen ist,
werdet Ihr merken, dass man Geld nicht essen kann.

Vermeintliche, d. h. nicht belegte Weissagung der Cree – *who cares?* Der Wahrheitsgehalt eines Gedankens nimmt nicht ab, nur weil die Cree ihn *nicht* verfasst haben.

Only after the last tree has been cut down
Only after the last river has been poisoned
Only after the last fish has been caught
Then will you find that money cannot be eaten.

———————

Die härteste Währung der Welt ist nicht der Dollar, der Euro oder der Franke. Die härteste Währung ist Zeit.

Marc Pendzich

Draußen, im Freien, kann einem nicht die Decke auf den Kopf fallen.

Frei nach Bernd Stelter (*1961), Comedian.

Unser Planet ist eine wunderbare Oase inmitten unbelebter Sterne, in der das Leben herrlich ist: ein wahres Wunder eben.

Pierre Rabhi (*1938), französischer Schriftsteller, Landwirt und Umweltschützer. Autor von *Manifest für Mensch und Erde* im Interview in der Doku *Tomorrow. Die Welt ist voller Lösungen* von Melanie Laurent, Melanie und Cyril Dion (2016).

Wenn Du zu wenig Zeit hast, werde aktiv – und streich' *Fernsehen & Wischen*: Dort verdorren sie, die Zeit-Budgets.

Marc Pendzich

Zeit ist die Musik, die uns von dem Planeten geschenkt wird.

- unbekannt -

———————

Ein Held ist einer, der tut, was er kann. Die anderen tun es nicht.

Romain Rolland (1866-1944), französischer Schriftsteller, Nobelpreis für Literatur 1915.

———————

Wer gegebenen Gesetzen folgt, hört auf ein Schaffender zu sein.

Bezogen auf Kreativität – Ferruccio Busoni in: *Entwurf einer neuen Ästhetik der Tonkunst,* 1907 u. 1916.

———————

Unser ganzes Leben... wird tatsächlich von der Antwort auf die eine Frage bestimmt, der sich niemand entziehen kann. Der Frage: ,Lebe ich mein eigenes Leben oder lebe ich so, wie andere es von mir erwarten?'

Josef Kirschner (1931-2016), in: *Die Egoisten-Bibel. Anleitung fürs Leben.* Herbig, 1999, S. 218.

———————

Es gibt kein Grundrecht auf einen eigenen Pkw – es gibt nur eines auf gesellschaftliche Teilhabe, u. a. durch *Mobilität*.

Marc Pendzich

Wenn der Sinn der Wirtschaft ist, die Menschen mit den Dingen zu versorgen die sie brauchen, dann hat das gesamte globale kapitalistische System auf der ganzen Linie versagt.

Sergio Bambaren (*1960), peruanischer Schriftsteller, in: *Lebe deine Träume!* Giger. 2016, S. 27.

Alle 23 Sekunden die *immergleiche* winzige Schraube in das *immergleiche* Schraubgewinde, 1.800 Schrauben pro Tag, sechs Tage hintereinander, 72 Stunden pro Woche: Das ist Folter.

Marc Pendzich – über übliche Arbeitsbedingungen in Smartphone-Fabriken, vgl. *Handbuch Klimakrise: Der ‚globale Impact' eines Smartphones* unter impact.handbuch-klimakrise.de.

Die Hütte brennt. Meine Kinder sind noch drin. Ihre auch. Ich geh' da jetzt rein. Kommen Sie mit? Oder nicht?

Einfache Erkenntnis, frei nach Greta Thunberg und Papst Franziskus.

Die Wahrheit ist dem Menschen zumutbar.

Ingeborg Bachmann (1926-1973), Titel der Dankesrede für die Verleihung des Hörspielpreises der Kriegsblinden, 1959, in: *Werke Band 4*, Piper 1978, S. 277.

Nur was hinsichtlich des Ressourcen- und Energieaufwandes global verallgemeinbar ist, kann Teil der Lösung sein.

Ist es vorstellbar, dass acht Milliarden Menschen Fliegen, E-Auto fahren, jährlich ein neues Smartphone kaufen oder Kreuzfahrten?

Nope.

Ohne globale Klimagerechtigkeit werden wir die Herausforderungen des 21. Jahrhunderts des Menschheitsschutzes nicht in den Griff bekommen, weil der globale Süden ohne Klimagerechtigkeit keinen Grund und auch keine Möglichkeit hat mitzuziehen.

Marc Pendzich

Eine Fabel, von einem Großvater erzählt: ‚In jedem Menschen gibt es zwei Wölfe, die ihr Leben lang miteinander kämpfen. Der eine Wolf ist böse, seine Waffen sind Gier und Neid, Hass, Gewalt und Lüge. Der andere Wolf ist der gute, ihn zeichnen Gerechtigkeit aus, Großzügigkeit, Liebe. Die Kinder fragen, welcher Wolf gewinnt? Und der Großvater sagt, der,

den du mehr fütterst. So schlicht die Geschichte ist, sie hat einen wahren Kern. Wenn wir den guten Wolf unser Leben lang füttern, bis er dick und wohlgenährt ist, dann wird es ein gutes Leben.'

Carl Achleitner, Trauerredner, erwähnt die bekannte Fabel im Interview mit Marc Baumann (2021): „Je wichtiger Geld war, desto weniger Platz hatten die eigentlich wichtigen Dinge", in: *Süddeutsche Zeitung*, 8.2.2021, online unter https://sz-magazin.sueddeutsche.de/leben-und-gesellschaft/rezept-gutes-leben-89801?ieditorial=3 (Abrufdatum 9.2.2021); vgl. Sergio Bambaren: „Ich schätze, wir alle haben unsere eigenen Dämonen, die uns verfolgen, wenn wir sie lassen. Unsere geistige Haltung kann unser bester Freund sein oder unser schlimmster Feind. Wenn dann noch Alkohol und Drogen hinzukommen, und Depressionen... , und die Sucht mehr und mehr haben zu wollen... wenn finanzielle Sorglosigkeit sich in Habgier verwandelt, dann kann unsere Welt auseinanderfallen", in: *Lebe deine Träume!* Giger. 2016, S. 40.

In dem Augenblick, in dem man sich endgültig einer Aufgabe verschreibt, bewegt sich die Vorsehung auch. Alle möglichen Dinge, die sonst nie geschehen wären, geschehen, um einem zu helfen. Was immer du tun kannst, beginne es. Kühnheit trägt Genius, Macht und Magie. Beginne jetzt.

Johann Wolfgang von Goethe (1749-1832) zugeschrieben.

„Geht nicht, gibt's nicht" gibt's nicht.

Marc Pendzich

Nur wenn wir nicht wachsen wollen, wenn wir unser Leben nicht einsetzen wollen, wenn wir uns treiben lassen auf die Linie des geringsten Widerstands – dann kann uns kein Schicksal entgegenkommen, und keine Türen öffnen sich.

Helen Wolff (1906-1994) in einem Brief an ihren Bruder, 1930, zit. im Essay von Marion Detjen zu Wolffs 1932 verfassten Roman *Hintergrund für Liebe*. Weidle, S. 162.

———

Der allerelendeste Zustand ist: Nichts wollen können.

Ernst Freiherr von Feuchtersleben (1806-1849), österreichischer Arzt und Dichter, in: *Zur Diätetik der Seele*, 1838.

———

Pack das Leben bei den Haaren, dann erfüllst Du seinen Sinn.

Wolfgang Borchert (1921-1947), um 1946, vgl. Burgess, G. und H.-G. Winter, 1998: *Pack das Leben bei den Haaren*. Dölling und Galitz.

———

[W]enn uns unsere Sterblichkeit bewusst ist, dann ist Luft nach oben für die Entwicklung unserer Persönlichkeit.

Carl Achleitner, Trauerredner, im Interview mit Marc Baumann (2021): „Je wichtiger Geld war, desto weniger Platz hatten die eigentlich wichtigen Dinge", in: *Süddeutsche Zeitung*, 8.2.2021, online unter https://sz-magazin.sueddeutsche.de/leben-und-gesellschaft/rezept-gutes-leben-89801?ieditorial=3 (Abrufdatum 9.2.2021)

Wer schwimmt, der schwimmt. Wer untergeht, geht unter.
Aber man soll während des Schwimmens nicht ans Unter-
gehen denken. Das Leben ist unsicher und großartig. Wenn
Sie das einmal ganz begriffen haben, werden Sie sich auch
nicht mehr fürchten. Nicht mal bei Nacht. ... Das Leben ist
großartig, sobald man damit einverstanden ist. Alles andere
ist falsch. Einwilligen, so wie man sich beim Schwimmen
dem Wasser vertrauensvoll in die Arme legt, und wer keine
Angst hat, geht auch nicht unter. Nur die Angst ist falsch.
Sich böse Gedanken machen ist falsch. Sich dem Leben in die
Arme legen ist richtig. So wie man sich früher Gott befohlen
hat. Vielleicht ist es überhaupt das Gleiche.

Helen Wolff (1906-1994) in ihrem 1932 verfassten Roman *Hintergrund
für Liebe*. Weidle, S. 62 u. 65.

Speak the truth.
Speak it loud and often, calmy but insistently,
and speak it, as the Quakers say, to power.
Material accumulation is not the purpose of human existence.
All growth is not good.
The environment is a necissity, not a luxury.
There is such a thing as enough.

Donella Meadows (1941-2001), Co-Autorin von *Grenzen des Wachstums*,
Club of Rome, 1972, zitiert nach http://donellameadows.org/speak-the-
truth/ (Abrufdatum 16.10.2019)

Demokratie heißt Teilhabe. Wer sich als Bürger:in aus dem demokratischen Prozess herauszieht, überlässt anderen das Feld.

Marc Pendzich

Basiert auf einem Zitat aus Münkler, Herfried (2018): „Demokratie gibt es nur ganz – oder gar nicht", in: *Die Zeit*, Nr. 1, 27.12.2018, S. 10: „Die Krise der Demokratie ... resultiert immer aus einer doppelten Bedrohung: dem Vorstoß deren, die alle Macht an sich ziehen wollen, und dem Rückzug jener, denen politisches Engagement auf Dauer eine Last ist, derer sie sich entledigen wollen."

Sagt ein Baum nicht mehr darüber – ein Baum im Frühling, der gerade anfängt zu blühen –, wie schnell sich etwas verändern kann als die ganzen abgeholzten Wälder, die heute in unseren Bücherregalen stehen? Oder macht ein Blick in eine sternenklare Nacht nicht alle Fernsehsendungen lächerlich, in denen die ‚weißen' Männer ihre Macht demonstrieren wollen?

Rio Reiser (1950-1996), Songpoet, Sänger, Musiker, mit diesen aus dem Jahre 1976 stammenden Worten zitiert in: Möbius, Gert (2017): *Halt Dich an deiner Liebe fest: Rio Reiser*. atb, S. 241.

In unserer Wachstumsgesellschaft besteht die Herausforderung darin, Erfüllung im Kleinen zu finden.

Thies Matzen, Weltenbummler – seit 30 Jahren per Boot auf den Meeren der Welt unterwegs, 2018, in: „Wenig haben, viel sein". In: *GEO Perspektive 2018*, 126.

Konsequenz statt Bequemlichkeit.

Marc Pendzich

Wenn ihr das Welt nennt, bin ich gern' weltfremd!

Sarah Lesch, Singer-/Songwriterin, in ihrem Lied „Testament", 2015.

***Uns geht es doch gut* ist eine zutiefst unchristliche Einstellung.**

Marc Pendzich

Vgl. dazu Umweltenzyklika *Laudato si!* (2015) von Papst Franziskus, in der er *deutlichst* zum Kampf für den Klimaschutz und zur Klimagerechtigkeit aufruft.

Die Menschen sind mitschuldig an allem, das sie gleichgültig lässt.

George Steiner (*1929), Philosoph, zitiert nach n.n. (2019): „Erklärung der Rebellion", in: *Wann wenn nicht wir*. Ein extinction rebellion Handbuch. S. Fischer, S. 72.

Im Zuge der Klimakrise können wir uns die Reichen nicht mehr leisten.

Frei nach Andrew Sayer, was nicht bedeutet, dass man seine Marx'sche Kritik en détail teilen muss, vgl. Buchtitel: *Warum wir uns die Reichen nicht leisten können*, 2018.

Was wird man sich eines Tages über Angela Merkel erzählen? *Wir hatten mal eine promovierte Naturwissenschaftlerin als Kanzlerin, die hat wider besseres Wissen massiv dazu beigetragen, den Planeten an die Wand zu fahren?*

Marc Pendzich

Freiheit ist immer Freiheit der Andersdenkenden.

Rosa Luxemburg (1871-1919)

Meinungsfreiheit, Demokratie und Rechtssicherheit sind hohe Güter. Wir dürfen sie *niemals* als selbstverständlich ansehen.

Marc Pendzich

[D]ass ein Mensch, der mit windigen Versicherungsmodellen zuungunsten seiner Kunden Milliardär wird, mehr leistet als eine Altenpflegerin mit niedrigem Lohn, ist eine steile These.

Richard David Precht (*1964), 2018, in: *Jäger, Hirten, Kritiker: Eine Utopie für die digitale Gesellschaft.* Goldmann, S. 114.

———————

Es gibt viele Arten zu töten. Man kann einem ein Messer in den Bauch stechen, einem das Brot entziehen, einen von einer Krankheit nicht heilen, einen in eine schlechte Wohnung stecken, einen durch Arbeit zu Tode schinden, einen zum Suizid treiben, einen in den Krieg führen usw.
Nur weniges davon ist in unserem Staat verboten.

Bertolt Brecht (1898-1956), 1942, in *Me-ti. Buch der Wendungen.* Suhrkamp.

———————

Der Zeitgenosse sieht ein historisches Ereignis nie im Ganzen, immer nur in Stücken; er empfängt den Roman in lauter willkürlich abgeteilten Lieferungen.

Egon Fridell (1878-1938), österreichischer Schriftsteller, schrieb eine Kulturgeschichte der Neuzeit, vgl. *Der verkleidete Dichter*, Verone Verlag, 2016, S. 44.

———————

Ich weiß, dass ich nichts weiß.

Cicero (106-43 v. Chr.), der wissen ließ, es handele sich um einen
Ausspruch von Sokrates.

———————

**Mein Ziel ist Himmel, Sonne, Sterne, lächeln, träumen,
Bäume, Tiere, Früchte, säen, ernten, singen, tanzen, schlafen,
bauen, leben ohne Angst. Leben, Lieben.**

Rio Reiser (1950-1996), Songpoet, Sänger, Musiker, mit diesen aus dem
Jahre 1976 stammenden Worten zitiert in: Möbius, Gert (2017): *Halt
Dich an deiner Liebe fest: Rio Reiser.* atb, S. 241.

———————

Erwartungen sind Gift.

Marc Pendzich

———————

**Aber inmitten unserer orgiastischen Weltvernutzung ist es
für uns Herren und Herrinnen der Schöpfung, die beim Auto-
fahren digitale Nachrichten verschicken, ein enormer Kraft-
akt, das Smartphone zur Seite zu leben und nicht Ausschau
nach der nächsten Technodröhnung zu halten. Unsere Men-
talität zu verändern, ist eine gewaltige Herausforderung. Um
die Welt verantwortungsvoll zu pflegnutzen, anstatt sie zu
vernutzen und unsere Lebenszeit zu vergeuden, müssen wir
unser In-der-Welt-Sein von Grund auf neu lernen.**

Ursula K. Le Guin (1929-2018) in: *Am Anfang war der Beutel. Warum uns Fortschritts-Utopien an den Rand des Abgrunds führten und wie Denken in Rundungen die Grundlage für gutes Leben schaffen.* thinkoya, 2020, S. 79-80.

————————

Wenn wir uns von der Arbeit her definieren, dann vergessen wir etwas Wesentliches unseres Menschseins. Dann wird unser Leben arm. Die Muße bereichert unser Leben.

Anselm Grün (*1945), Benediktpater, 2008, *Vom Zauber der Muße*, Kreuz-Verlag, S. 36.

————————

Ich möchte leben.
Ich möchte lachen und Lasten heben
und möchte kämpfen und lieben und haßen
und möchte den Himmel mit Händen faßen
und möchte frei sein und atmen und schrei'n.
Ich will nicht sterben. Nein:
Nein.
Das Leben ist rot.
Das Leben ist mein.
Mein und dein.
Mein.

Selma Merbaum (1924-1942), Ausschnitt aus dem Gedicht „Poem", 7. Juli 1941, entstanden zwei Tage nach dem Einmarsch der Deutschen in ihrem Wohnort Czernowitz. – Zitiert nach Marion Tauschwitz (2014): *Selma Merbaum – Ich habe keine Zeit gehabt zuende zu schreiben. Biografie und Gedichte.* Zuklampen, S. 259.

Der Überfluss beginnt, wenn Du etwas kaufst, weil andere es besitzen.

Josef Kirschner (1931-2016), in: *Die Egoisten-Bibel. Anleitung fürs Leben.* Herbig, 1999, S. 47.

Du wirst die Stunden zu Tode hetzen auf Deiner Parforcejagd durch das kurze Leben. Daß es kurz ist, wissen wir beide – aber Du jagst es, und ich möchte es hüten.

Helen Wolff (1906-1994) in ihrem 1932 verfassten Roman *Hintergrund für Liebe*. Weidle, S. 30.

Alle Anstrengung, die immer noch mehr will und nie genug hat, ist nur ein Haschen nach Wind.

Anselm Grün (*1945), Benediktpater, bezugnehmend auf das Alte Testament Koh[helet] 4,6; 2008, *Vom Zauber der Muße*, Kreuz-Verlag, S. 60. – vgl. auch Andersen, Jens (2014): *Astrid Lindgren – ihr Leben*, S. 406.

Gewalt erzeugt Gegengewalt.

... immer wieder übersehendes Grundprinzip des Daseins. (kein Autor)

Unsere Erde ist nur ein kleines Gestirn im großen Weltall. An uns liegt es, daraus einen Planeten zu machen, dessen Geschöpfe nicht von Kriegen gepeinigt werden, nicht von Hunger und Furcht gequält, nicht zerrissen in sinnlose Trennung nach Rasse, Hautfarbe oder Weltanschauung. Gib uns Mut und Voraussicht, schon heute mit diesem Werk zu beginnen, damit unsere Kinder und Kindeskinder einst stolz den Namen ‚Mensch' tragen.

Friedensgebet der Vereinten Nationen, 1942, Auszug, vgl.
https://de.wikipedia.org/wiki/Gebet_der_Vereinten_Nationen (Abrufdatum 12.3.2020)

––––––––

Eines habe ich jedenfalls gelernt – will man glücklich sein, muss es aus einem selbst kommen und nicht von einem anderen Menschen.

Astrid Lindgren (1907-2002), 1944, Tagebucheintrag, zit. in Andersen, Jens (2014): *Astrid Lindgren – ihr Leben*, S. 197.

––––––––

Was sollen die letzten Worte sein?
Danke! Danke.

May Ayim (1960-1996), in ihrem Gedicht „Abschied", in: *Nachtgesang* [Gedichtband], Orlanda Frauen Verlag, 1997.

––––––––

Wenn ich die Zeit los bin

Als einer von sieben Milliarden
Stapfe ich hier durch den Schnee
Ich lebe, ich lebe, ich lebe!
Wie ich hier so geh'.

    Wenn ich die Zeit los bin,
    Bin ich zeitlos und bin:
    Glücklich.
    Wenn ich mich selbst verlier',
    Mich in der Zeit verlier',
    Werd' ich: unglücklich.
    Und dann fängt die Suche nach mir an,
    Damit ich wieder bei mir sein kann.

Im dichten Schneegestöber
Sehe ich nichts – und finde mich
Enthoben entfremdendem Hightec-Dreck
Bin ich eins mit mir, bin ich *ich*.

    Was brauch' ich wirklich, um
    Wirklich nur Ich zu sein?
    Wenig, glaub' ich.
    Wer schneller lebt,
    Wer sich gegen die Zeit erhebt
    Ist früher: fertig.
    Drum lebe ich lieber so langsam ich kann
    Und greife ins Uhrwerk und halt' die Zeiger an.

Als einer von sieben Milliarden
Stapf' ich hier durch den Schnee
Ich lebe, ich lebe, ich lebe!
Wie ich hier so geh'.

Songtext aus dem im April 2023 erscheinenden Musikalbum
Marc Pendzich feat. Tanja Jost: *Von neuen Früchten*

https://vonneuenfruechten.de

Anmerkung: Der Songtext entstand im Jahre 2012. Zu diesem Zeitpunkt hatte die Anzahl der gleichzeitig auf dem Planeten lebenden Menschen gerade die Sieben-Milliarden-Marke überschritten. Elf Jahre später, bei Erscheinungsdatum des Albums, liegen wir bereits bei 8,1 Milliarden Menschen. Sollte ich nun den Songtext ändern? Es schien mir geradezu politisch, es bei „7 Milliarden" zu belassen – und diese offenkundig veraltete Zahl als Gesprächsanlass zu nutzen. Was sonst könnte deutlich machen, wie schnell zurzeit noch die Zahl der täglich auf diesem Planeten zu versorgenden Menschen zunimmt?

Wichtig ist zu verstehen: Laut UN wird sich die Weltbevölkerung – sofern Katastrophen nicht jede Berechnung sinnlos machen – im Jahr 2100 bei 10 bis 11 Mrd. Menschen einpendeln – und dann wird die Zahl stabil bleiben. Elf Milliarden Menschen könnten bereits jetzt gut und gesund ernährt werden. Die Nahrungsmittel sind da. Es gibt vielmehr ein eklatantes Verteilungsproblem und ein Politikproblem. – vgl. *Handbuch Klimakrise: 11 Milliarden* unter bevoelkerung.handbuch-klimakrise.de.

Hinweis zu Klimaangst

Die Beschäftigung mit Klimakrise und Massenaussterben kann uns Angst machen und ggf. bestehende Ängste, depressive Verstimmungen oder Depressionen verstärken.

Es ist zu keiner Zeit mein Anliegen, meinen Mitmenschen Angst zu machen.

Gleichzeitig ist es so, dass die Wahrheit zumutbar ist (wie Ingeborg Bachmann es ausdrückte).

Wenn Ihnen das ‚mit dem Klima' etc. alles zu viel werden sollte, falls Sie übermäßig traurig sein sollten, sich depressiv fühlen etc. pp. – die erste wichtige Botschaft lautet in diesem Fall: Sie sind damit nicht allein – es geht vielen Menschen so, auch wenn viele es sicher geschickt verbergen.

Das Thema ‚Klimaangst' ist mittlerweile derart relevant, dass es schon Begriffe dafür gibt, wie z. B. *Solastalgia* (Verlustgefühl wegen Zerstörung des eigenen Lebensraums) und *climate change grief* (‚Klimawandel-Trauer'). Auch wird in den USA offensichtlich bereits versucht, *eco-anxiety* zu einer offiziellen Krankheit zu erklären.

Unlängst sind die Bücher *Klimagefühle* und *Klima im Kopf* erschienen, die sich mit der Thematik auseinandersetzen.

Daneben gibt es mittlerweile erste Selbsthilfegruppen, bei denen man sich aufgehoben fühlen und sich austauschen kann, vgl. z. B. https://tiefe-Anpassung.de.

Bitte suchen Sie sich im Zweifelsfall ärztliche Hilfe.

Über den Autor

Marc Pendzich, Komponist, promovierter Musikwissenschaftler, freier Dozent und Zukunftsaktivist. Mitglied des Zukunftsrat Hamburg. Hat einen gleichermaßen wissenschaftlichen, kreativen und ganzheitlichen Blick auf die Welt. Autor des 700-seitigen *Handbuch Klimakrise* sowie des gleichnamigen Webportals. Arbeitet das Thema ‚Klimakrise/Massenaussterben' auch für ‚seine' Branche in Form der Website musik-und-klimakrise.de auf. Sieht die ‚multiple Krise der Mitwelt' als erste und letzte Chance der Menschheit, sich neu zu erfinden.

…*mehr*

- https://handbuch-zukunft.de | https://eineneuegeschichtederzukunft.de beinhaltet das Essay *Eine neue Geschichte der Zukunft*.

- https://handbuch-klimakrise.de | Klimakrise, Massenaussterben, Zukunft: Die relevanten Fakten, Zahlen und Argumente zur *großen Transformation*.

- https://lebelieberlangsam.de | Ein Portal für zukunftsfähiges Leben: Ich brauch das alles nicht. Weniger ist mehr.

- https://musik-und-klimakrise.de | Musik, Klimakrise, Massenaussterben: Klimasongs & Co.

- https://Sprache-Macht-Zukunft.de | Ein klimagerechtes und zukunftsfähiges Vokabular. Von Wolfgang Lührsen und Marc Pendzich.

- https://klimanifest.de

- https://klimafragen.com/

- https://leitlinien4future.de/

- https://pendzich.com | Alle Projekte von Marc Pendzich.

CPSIA information can be obtained
at www.ICGtesting.com
Printed in the USA
LVHW111408101122
732762LV00006B/468

9 783756 822621